仅以此书，

献给充满爱和温暖的你！

子瑜妈妈
超简单的饼干·蛋糕

子瑜妈妈 / 著

青岛出版社
QINGDAO PUBLISHING HOUSE

图书在版编目（CIP）数据

子瑜妈妈 超简单的饼干・蛋糕 / 子瑜妈妈著. -- 青岛：青岛出版社, 2019.1
ISBN 978-7-5552-6953-3

Ⅰ. ①子… Ⅱ. ①子… Ⅲ. ①饼干—制作②蛋糕—糕点加工 Ⅳ. ①TS213.2

中国版本图书馆CIP数据核字(2018)第276198号

子瑜妈妈 超简单的饼干・蛋糕

著　　者　子瑜妈妈
出版发行　青岛出版社
社　　址　青岛市海尔路182号（266061）
本社网址　http://www.qdpub.com
邮购电话　13335059110　0532-85814750（传真）　0532-68068026
策划编辑　周鸿媛
责任编辑　徐　巍
特约编辑　张文静
装帧设计　杭州月光宝盒文化创意有限公司
封面排版　丁文娟　周　伟　叶德永
印　　刷　青岛乐喜力科技发展有限公司
出版日期　2019年5月第1版　2019年5月第1次印刷
开　　本　16开（710毫米×1010毫米）
印　　张　12
字　　数　100千
图　　数　750幅
书　　号　ISBN 978-7-5552-6953-3
定　　价　49.80元

编校印装质量、盗版监督服务电话　4006532017　0532-68068638

本书建议陈列类别：生活类　美食类

隐藏在手作烘焙中的人生哲学

人生第一次做给宝宝和家人吃的戚风蛋糕便是在微博上跟子瑜妈妈学的。说来也是奇妙，几年后的自己居然跨界开办了厨艺学院，也正因为如此，让我与子瑜妈妈从网友变成了朋友。

子瑜妈妈在很多人心中是入烘焙这行的引路人，甚至是偶像般的存在，但她依然保持着旺盛的学习欲望和持续的学习能力，并且乐于将自己在厨艺方面的心得体会与大家分享。这一切的背后是不断的学习探索，成百上千次的配方调试，摄影、文案、美工等方面的精益求精……

究竟是什么力量支撑她几年如一日地专注做一件事，并把这件事做到极致？学习烘焙究竟赋予我们何种启迪？我想是让我们深信我们可以成为那个更好的自己！

今天，子瑜妈妈的新书《子瑜妈妈 超简单的饼干・蛋糕》出版，凝聚了她多年的心得与经验，秉承她一贯的图文并茂写作风格，让人看了一目了然，跃跃欲试。见书如见人，你值得拥有！

星曜堂国际厨艺学院校长

郑璇

目录
CONTENTS

第1章 挤挤就有的饼干

牛奶曲奇饼干

蛋白薄脆饼

蛋白霜饼干1

蛋白霜饼干2

黑芝麻曲奇

红茶曲奇

黄油曲奇

鸡蛋小饼干

咖啡菊花曲奇

巧克力曲奇

香葱曲奇

蛋黄云顶曲奇

经典蔓越莓曲奇

抹茶云顶曲奇

奶油云顶曲奇

酸奶小溶豆

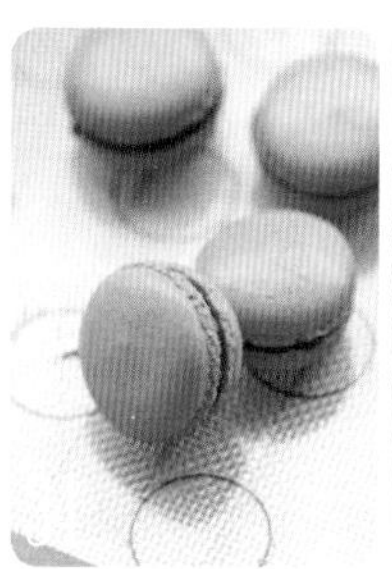
法式马卡龙皮

蓝色意式马卡龙

挤挤就有的饼干

第2章 切切就有的饼干

伯爵红茶切块饼干

奶油焦糖饼干

黑芝麻饼干

核桃蔓越莓长片饼干

混合坚果薄片饼干

开心果杏仁方块饼干

可可开心果饼干

杏仁香草饼干

抹茶螺旋曲奇饼干

牛奶方块饼干

经典蔓越莓饼干

蔓越莓酥饼

棋格饼干

杏仁薄片曲奇饼干

熊猫饼干

切切就有的饼干

第3章 用到模具的饼干

刺绣饼干

子瑜妈妈版姜饼人

星星饼干

卡通饼干

燕麦养生小圆饼

圣诞必备姜饼屋

熊猫饼干

万圣节必备南瓜饼干

雪花糖霜饼干

紫薯饼干

第4章 其他类型的饼干

红枣红糖司康

蔓越莓司康

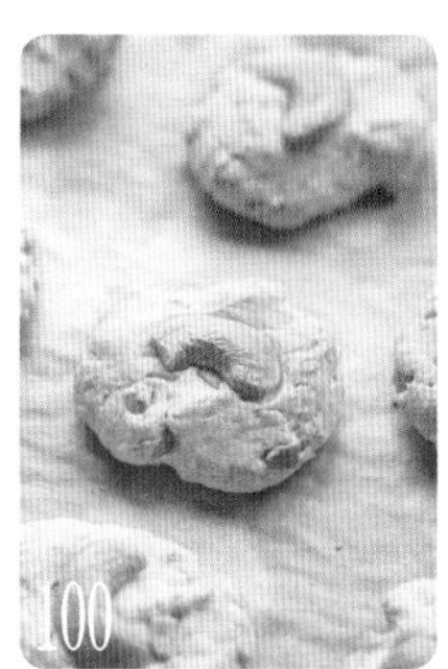

腰果小酥饼

玛格丽特饼干

万圣节女巫手指饼干

用到模具的饼干

趣多多巧克力饼干

小鸡烧果子

巧克力裂纹曲奇

杏仁酥

榛子酥

蜘蛛饼干

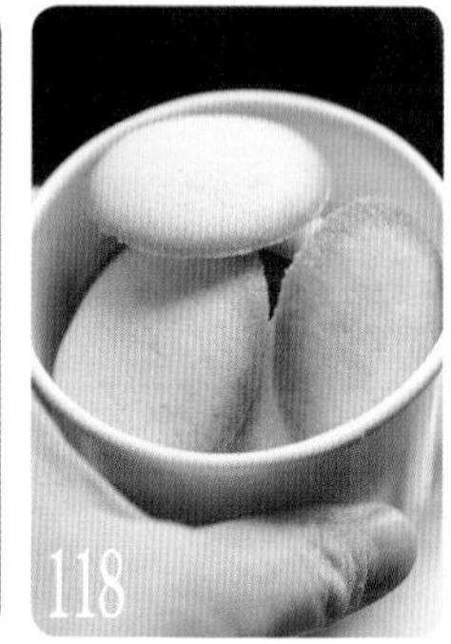

蛋白小圆饼

核桃酥

白芝麻薄脆饼

杏仁薄脆饼干

白巧花朵曲奇

罗马盾牌

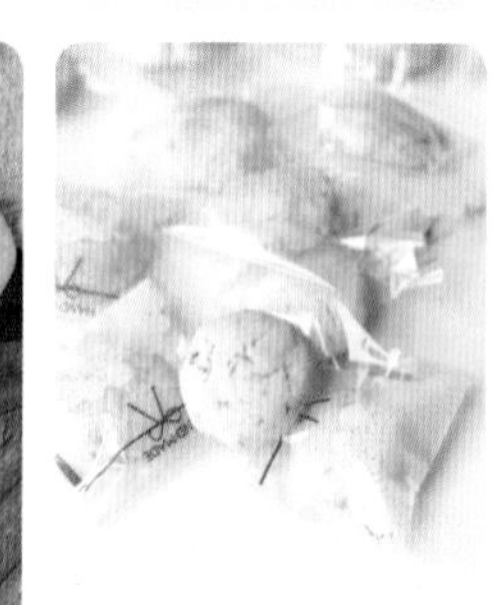
青柠软曲奇

其他类型的饼干

第5章 一学就会的快手蛋糕

8寸原味戚风

软身版提拉米苏

伯爵红茶戚风蛋糕

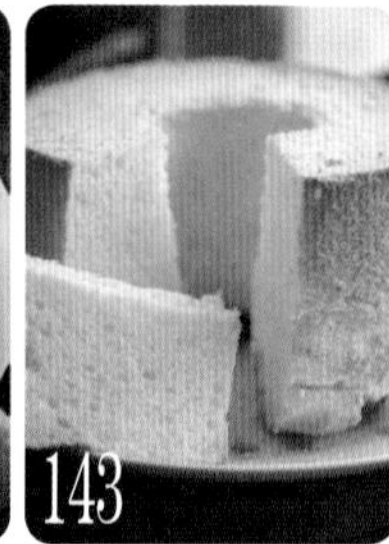

乳酪戚风蛋糕

黄油玛德琳

脆皮小蛋糕

杏仁马芬蛋糕

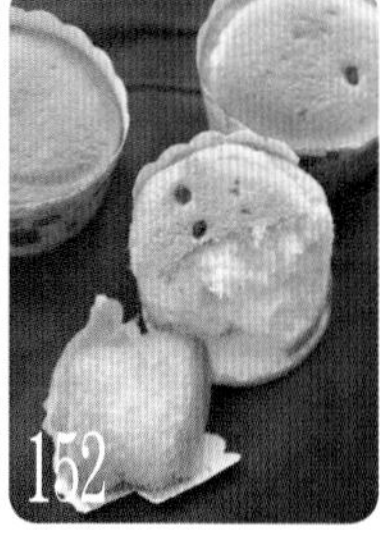

海绵纸杯蛋糕

轻乳酪蛋糕

用电饭煲做蛋糕

费南雪

伯爵红茶磅蛋糕

网红肉松小贝

巧克力核桃纸杯蛋糕

蜂蜜蛋糕

核桃红枣桂圆小蛋糕

巧克力熔岩蛋糕

舒芙蕾

一学就会的快手蛋糕

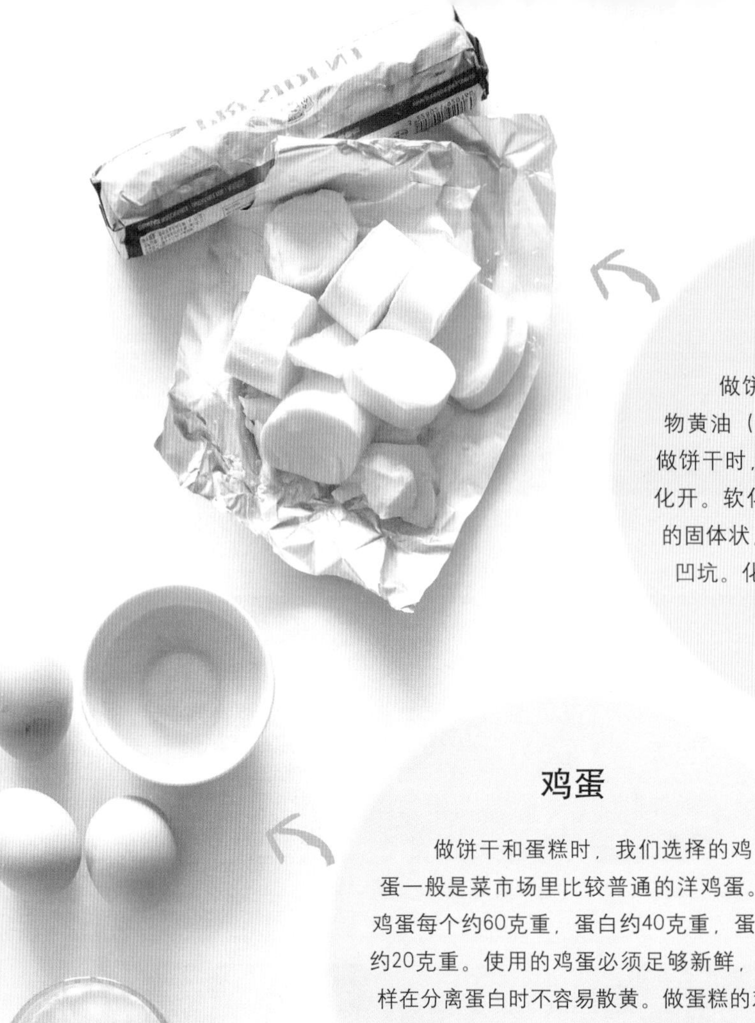

黄油

做饼干时，我们一般选用无盐动物黄油（注意，不是植物黄油）。平时做饼干时，提到的黄油软化，不是指黄油化开。软化的状态是，黄油依然是奶黄色的固体状，手指轻轻按下去，很容易按出凹坑。化开则是化成液体状态。

鸡蛋

做饼干和蛋糕时，我们选择的鸡蛋一般是菜市场里比较普通的洋鸡蛋。鸡蛋每个约60克重，蛋白约40克重，蛋黄约20克重。使用的鸡蛋必须足够新鲜，这样在分离蛋白时不容易散黄。做蛋糕的鸡蛋最好是冷藏过的鸡蛋，蛋白打发比较稳定。

牛奶

糖粉

做饼干时，一般使用糖粉，而不用细砂糖。因糖粉可以使黄油充分打发，糖粉还可以轻易地与其他食材充分融合，所以配方中写了糖粉的地方请不要轻易用细砂糖替换哦。糖粉可以自制，将细砂糖放入破壁机高速磨成粉即可。

糖粉

低筋面粉

这些材料很重要

面粉

做饼干和蛋糕时，我们选择低筋面粉。低筋面粉蛋白质含量在9.5%以内，筋度低，常用来制作口感柔软、组织疏松的糕点。高筋面粉一般用来做面包，中筋面粉一般用来做包子、馒头等。

牛奶

做饼干或蛋糕时，配方中有时会出现牛奶，大多数时候，可以用其他液体替换。牛奶有增加奶香味的作用，有时候某些面团偏干了，也可以用牛奶来调节湿度。一般配方中的牛奶用的是淡味的纯牛奶。

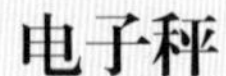

电子秤

如果你想要玩烘焙，那就肯定需要准备电子秤。新手如果只是粗略估计材料用量的话，很难做成功。因有时候需要称量泡打粉、酵母、色粉这类很少量的材料，所以建议准备精确到0.1克的电子秤。

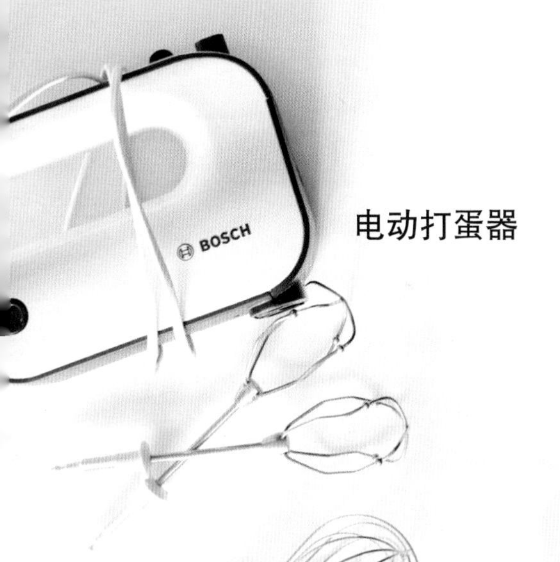

筛网

电动打蛋器

打蛋器

手动打蛋器一般指的是蛋抽。有的时候不需要用力打发太久的东西，我们可以用手动打蛋器来打发。电动打蛋器一般用来打发黄油、蛋白霜、奶油霜等材料。

手动蛋抽

烤 箱

平时我们在家中烘焙，一般会用到两种烤箱。一种是外置的可移动小烤箱，一般在二十几到三十几升左右，价格实惠。有些小烤箱的温度可能略有上下偏差，我们需要了解烤箱的脾气，以便做出成功的作品。另一种烤箱是嵌入式的，现在很多家庭都有安装。一般嵌入式烤箱，体形比外置型的略大一点，温度比较精准，直接按烘焙配方提供的温度和时间来制作就可以，但价格略贵。

这些工具是必需品

刮刀

一般做饼干的面糊较厚，我们需要用到材质较硬的刮刀。但是拌那种很轻盈的蛋糕面糊时，我们可以用软刮刀，它能更好地刮干净盆壁。

烤盘纸

烤盘纸有很多种类，比如油布、油纸、油垫。一般烤曲奇类饼干时，我们用普通的油纸即可。做马卡龙、蛋白饼干时，需要用到油垫。有些特殊的烤盘不需要烤盘纸，但子瑜妈妈建议烤饼干时仍然使用烤盘纸，它可以使饼干不那么油，也可以保护烤盘。

料理盆

做蛋糕时，我们需要准备一大一小两个料理盆。建议使用不锈钢的，或者是钢化玻璃的，这些材质的盆硬度较高。

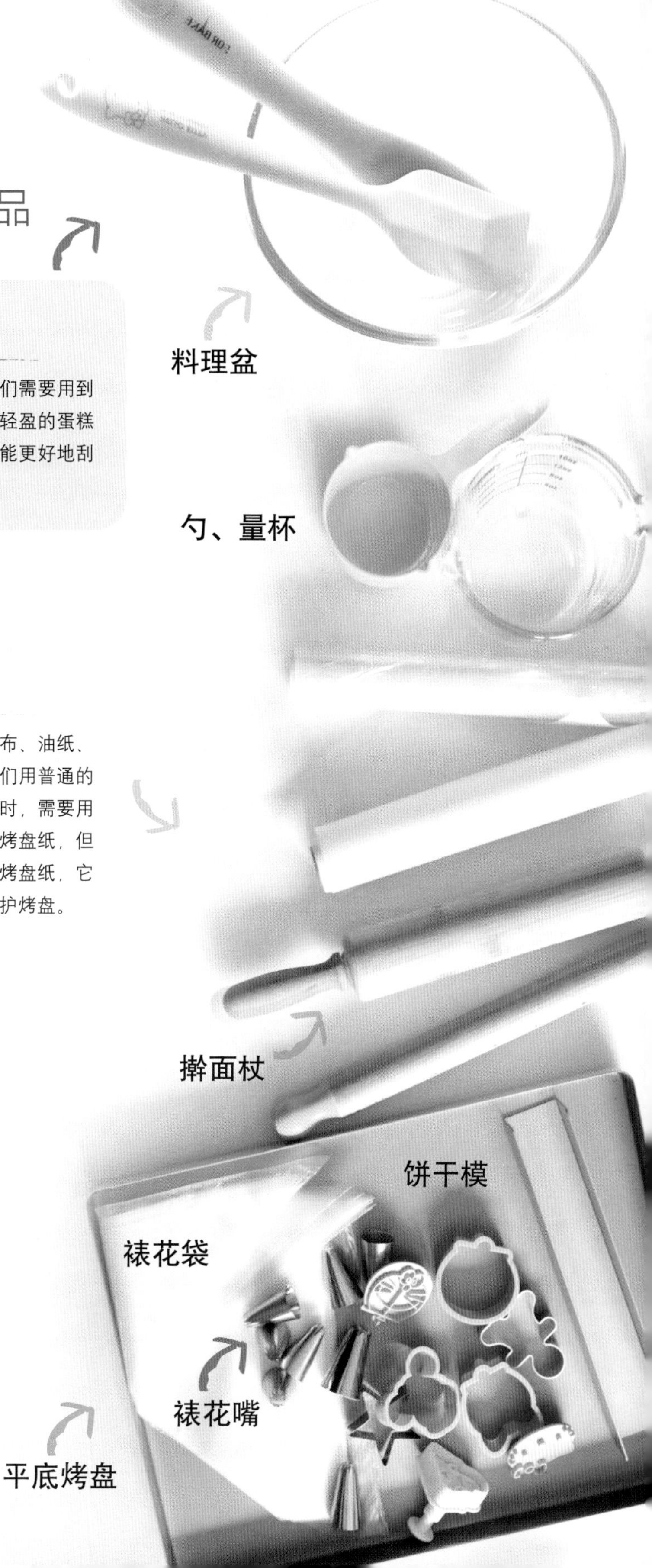

做饼干失败的那些原因

1. 为什么面糊挤出来的时候形状很好，一烤就完全变形了？

答：有可能是因为黄油打发过度，也有可能是因配方中液体比例过高。

2. 为什么我做的饼干，外面焦了里面却不熟？

答：如果饼干外焦里不熟，说明烘烤温度过高了，还没烤熟就先焦了。可以降低温度延长时间来烘焙。

3. 为什么挤曲奇饼干时面糊挤不动？

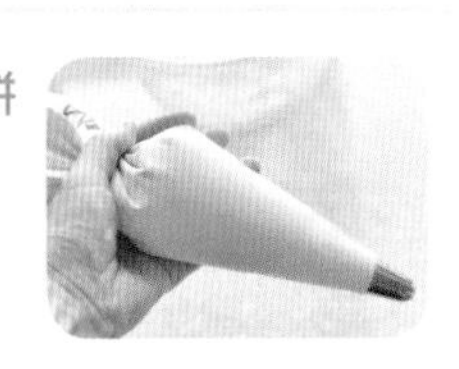

答：因曲奇面糊的配方中，一般有大量黄油，黄油遇冷会变硬，所以冬天挤曲奇面糊时手感会比较硬，夏天则会比较容易挤。冬季挤曲奇生坯时，可以将装着面糊的裱花袋放在手心里搓一搓再用。

4. 为什么饼干刚做好的时候是脆的，放一天就变软了？

答：刚烤好的饼干晾凉之后，一般都是酥脆的。但是如果不及时密封保存，饼干会吸收空气里的水分，变得潮湿。

5. 为什么烤饼干的时候要用烤盘纸？

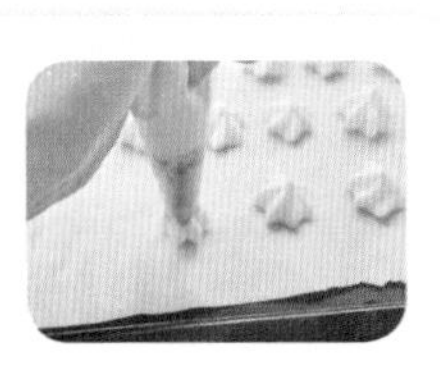

答：烤盘纸可以适当隔离烤盘与饼干，降低烤盘温度，在烤制过程中饼干的底不至于焦得太快。烤盘纸还可以吸收掉饼干的部分油脂。烤盘纸对烤盘有一定的保护作用。

6. 饼干刻模的时候发现不太好脱模怎么办？

答：用饼干模具做饼干时，一定要将面片先冷藏至硬再使用，这样用饼干模的时候，脱模会比较简单轻松。

7. 做切块饼干的时候为什么一切生坯就会散开?

答：在切饼干的时候，面团要有一定的硬度，不能太软，也不能太硬。用的刀一定要非常快，如果用很钝的刀，一切就会散。

8. 做饼干时怎样才算黄油打发好?

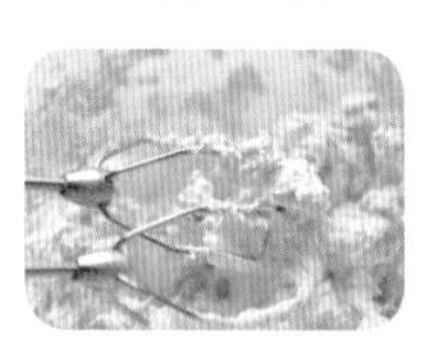

答：糖粉加入黄油中后，先轻轻搅拌几下，让黄油与糖粉初步融合，然后直接开高速搅打约50秒即可。可以看到黄油颜色变得略浅，体积略膨胀，质感很顺滑。

9. 为什么按配方中的烘焙时间和温度制作，却把饼干烤成了焦炭?

答：因很多家用小烤箱的温度不是很精准，所以建议在烘烤的最后几分钟，要观察饼干的上色情况，如果觉得颜色差不多了就直接关掉烤箱。先掌握自家烤箱的"脾气"，才能烤出美味的饼干。

10. 饼干配方中的黄油可以换成植物油吗?

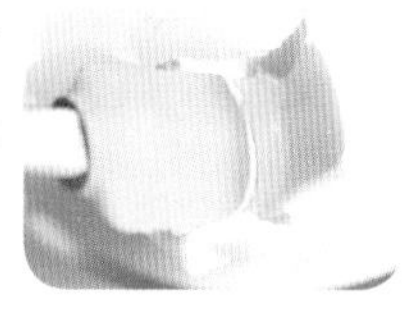

答：做饼干的时候，动物黄油是不能替换成植物油的，因为我们需要打发黄油，使饼干口感松软。使用植物油做出来的饼干会比较硬，如果想要用植物油来做饼干，可以结合泡打粉等材料。

11. 可不可以把配方中的糖减量?

答：这本书的饼干配方中，糖粉不建议再减量了（轻微减少一点问题也不大）。如果配方中的糖粉量改动较大的话，会影响饼干的成形和口感。

第1章

挤挤就有的饼干

有些饼干的做法非常简单，你只需要用裱花袋和裱花嘴就能做出各种漂亮的造型了。

美好的小雏菊

牛奶曲奇饼干

制作心得

黄油软化的状态，就是手指头按[illegible]油上可以轻松地戳入，与黄油化开的状态不一样哦。

饼干生坯的大小和厚度决定烘烤的时间长短。另外，烤制的时间一般都是仅供参考的，要习惯自己家烤箱的脾气哦。

材料 糖粉40克，黄油78克，牛奶30克，低筋面粉100克

1. 面糊制作

将糖粉放入软化的黄油中，用电动打蛋器打发约1分钟，直至黄油颜色略变浅，体积略膨胀。分6次加入牛奶，每次都要充分打匀再加下一次。筛入低筋面粉，手动搅拌面粉糊大约10秒，然后将打蛋器开至最低挡，搅拌大约30秒就可以了。退掉电动打蛋头，换成刮刀拌几下。

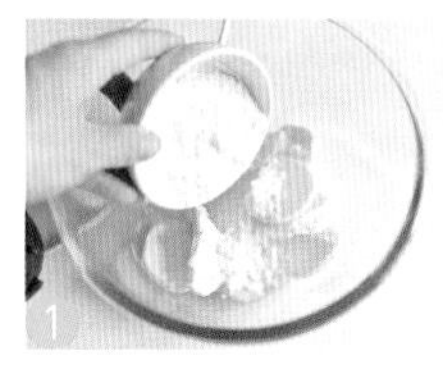

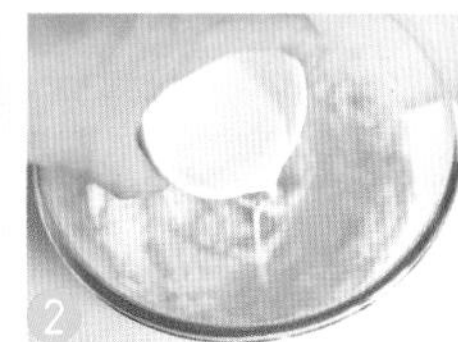

2. 挤一挤

将花嘴（型号TD884）装入裱花袋，将面糊装进去。烤盘上铺上烤盘纸，烤盘纸底下可以挤点面糊作粘连，有间隙地挤上大小一致的花形曲奇饼坯。

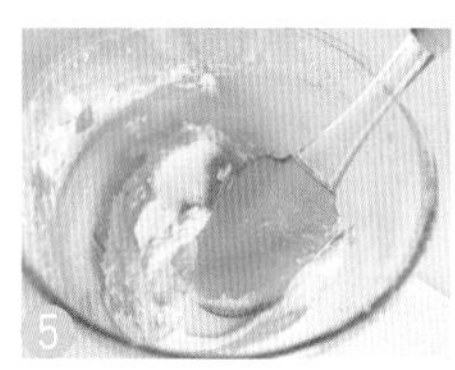

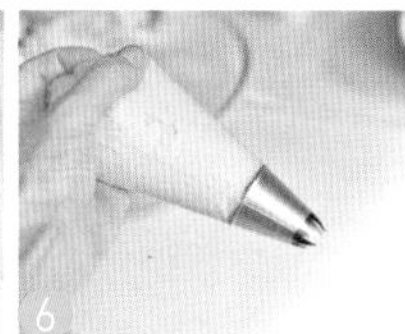

3. 烤一烤

送入预热好的烤箱，中层，上下火，170℃，烤12分钟左右。烤好晾凉后记得装入密封罐中，尽快食用。

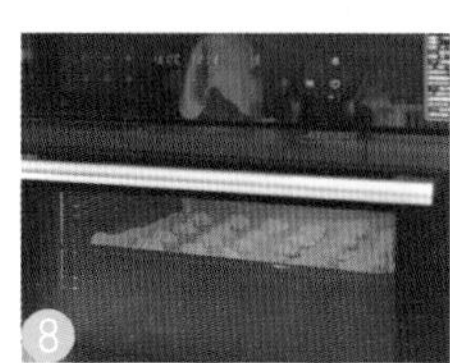

清甜松脆的愉悦感

蛋白薄脆饼

材料 糖粉50克，蛋清40克，黄油50克，低筋面粉50克

1. 面糊制作

将糖粉加入软化的黄油中，用蛋抽搅拌1分钟左右，分3次加入蛋清，搅拌均匀。此时面糊为细腻流动状态。筛入低筋面粉，搅拌均匀。

2. 挤制与烘焙

把面糊装进裱花袋，烤盘上垫上底布，挤出长度约5厘米、手指粗细的条状面糊。送入预热好的烤箱，中层，上下火，160℃，烤15分钟左右，烤到饼干边缘呈金黄色即可。

简单·爱

蛋白霜饼干1

制作心得

如果想将饼干烤成白色效果的，可以将烤箱温度调到100℃，烤70分钟左右。

材料 蛋白40克，糖粉15克

1. 蛋白霜制作

将蛋白用蛋抽搅打出粗泡，加入糖粉，一直搅打到蛋白液非常细腻，拉起蛋抽有直立或者略弯的尖角。

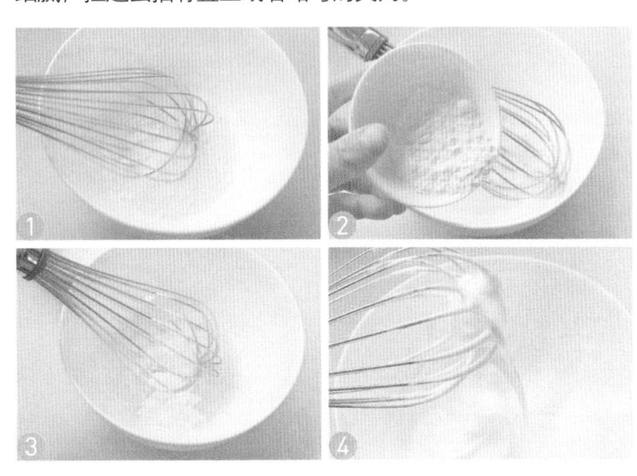

2. 挤制与烘焙

将打好的蛋白霜装入裱花袋，选用中号6齿裱花嘴，在铺了烤盘纸的烤盘上挤出均匀的小花朵。送入预热好的烤箱，中层，上下火，170℃，烤15～20分钟。饼干上色为均匀的米黄色即可取出，晾凉就可以食用了。

纯净明亮的天空

蛋白霜饼干2

材料 蛋白50克，糖粉100克

1. 蛋白霜制作

将糖粉倒入蛋白中，隔热水用电动打蛋器搅打蛋白，边打边加热，到50℃时离开加热的锅，继续打发蛋白液，将蛋白液打发至长弯钩状态即可。

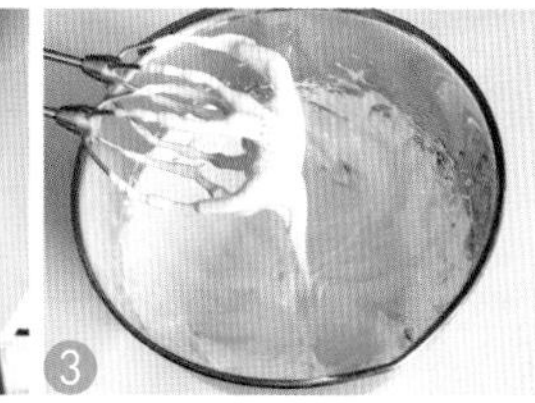

2. 挤制面糊

将蛋白霜装入裱花袋，用10齿中号裱花嘴，在烤盘中挤上糖霜豆。

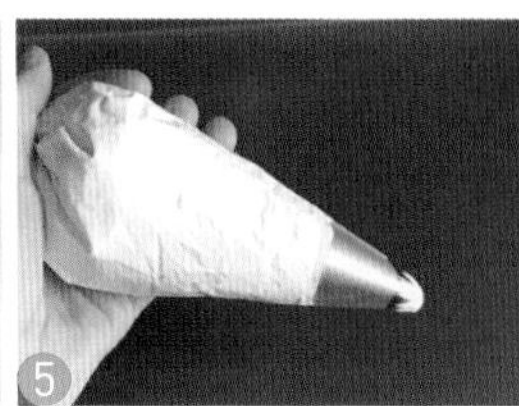

3. 烘焙

送入预热好的烤箱，中层，上下火，100℃，烤90分钟左右。

芝麻的香味在舌尖上舞蹈

黑芝麻曲奇

材料

糖粉40克，
黄油80克，
全蛋液40克，
细砂糖30克，
黑芝麻粉20克，
低筋面粉100克

1. 面糊制作

糖粉加入软化黄油中，用打蛋器中高速搅打1分钟。分2次加入全蛋液，搅打至全蛋液完全吸收、黄油呈轻盈膨胀状态。加入细砂糖打匀，筛入低筋面粉和黑芝麻粉，用刮刀拌匀。

2. 挤一挤，烤一烤

取中号的8齿菊嘴装入布质裱花袋，将面糊装入，烤盘铺上烘焙纸，挤上互不相连的曲奇面糊。送入预热好的烤箱，中层，上下火，175℃，烤15分钟左右。

像午后的阳光一样温暖

红茶曲奇

材料 红茶 2 克，黄油 78 克，糖粉 50 克，全蛋液 50 克，低筋面粉 120 克

1. 面糊制作

红茶擀成粉末，糖粉倒入软化的黄油中，用电动打蛋器搅打约1分钟。分3次加入全蛋液搅拌均匀，倒入红茶粉搅拌均匀。

2. 挤一挤，烤一烤

筛入低筋面粉，搅拌均匀，装入布质裱花袋，用中号8齿菊花嘴，挤入铺了烤盘纸的烤盘，大小一致。送入预热好的烤箱，中层，上下火，175℃，烤15分钟左右。（注意观察上色情况）

浓醇至爱

黄油曲奇

材料 糖粉 40 克，黄油 78 克，全蛋液 30 克，细砂糖 20 克，低筋面粉 120 克

1. 面糊制作

糖粉倒入软化的黄油中，用电动打蛋器搅打1分钟左右，分2次加入全蛋液，搅打均匀。加入细砂糖搅拌均匀，筛入低筋面粉，用橡皮刮刀拌匀成很稠的面糊。

2. 挤一挤，烤一烤

将面糊装入裱花袋，用中号8齿菊花嘴，在烤盘上挤出圆圈曲奇花纹。送入预热好的烤箱，中层，上下火，180℃，烤15分钟左右。

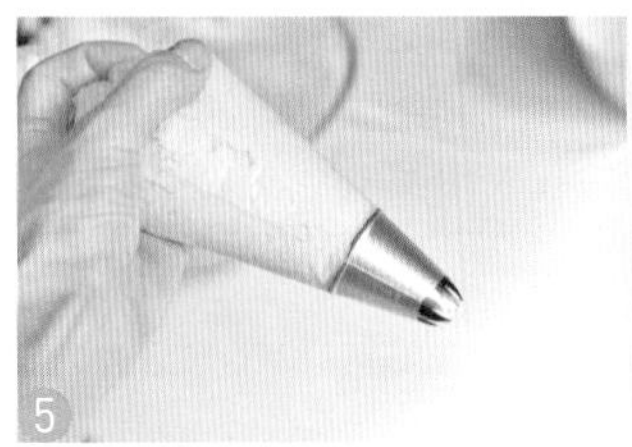

小手抓抓　饼干香香

鸡蛋小饼干

材料 低筋面粉85克，泡打粉2克，蛋黄3个（约60克），蛋白40克，糖粉30克

1. 面糊制作

将低筋面粉和泡打粉过筛，将糖粉加入蛋黄和蛋白中，用打蛋器打发蛋液至起纹路状态，加入过筛的低筋面粉，拌匀面糊。

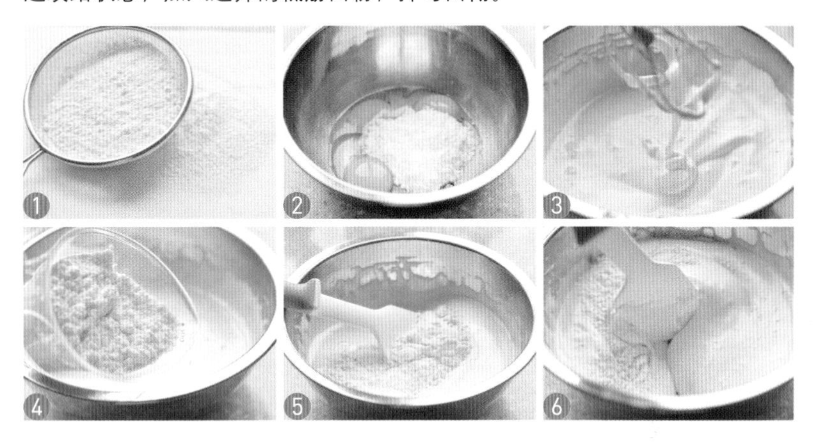

2. 挤一挤，烤一烤

将面糊装入裱花袋，挤入烤盘，送入预热好的烤箱，中层，上下火，180℃，烤8分钟左右。

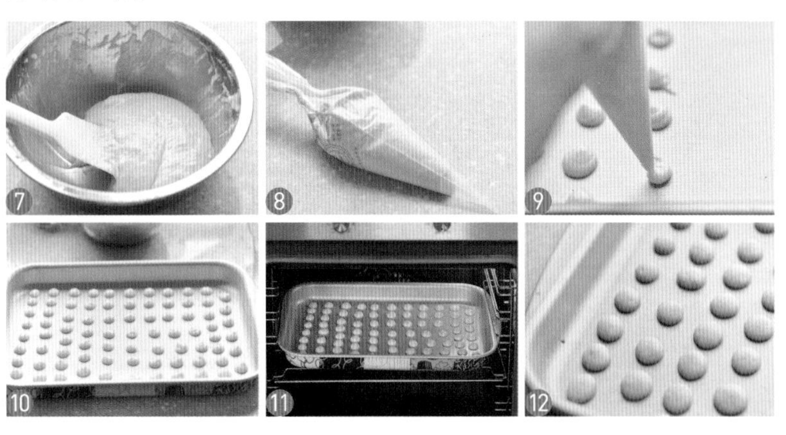

秋日低语

咖啡菊花曲奇

材料 糖粉30克，黄油78克，蛋白30克，低筋面粉110克，速溶咖啡粉1小包（约1.8克），水10克

1. 面糊制作

糖粉倒入软化的黄油中，用打蛋器搅打 1 分钟左右，分 2 次加入蛋白，搅打均匀。加入用 10 克水溶化的咖啡粉，搅拌均匀。筛入低筋面粉，用橡皮刮刀拌匀成很稠的面糊。

2. 挤一挤，烤一烤

将面糊装入裱花袋，用 12 齿菊花嘴，在烤盘上挤出菊花曲奇花纹。送入预热好的烤箱，中层，上下火，180℃，烤 15 分钟左右。

制作心得

巧克力液的温度不要超过 35℃。

浓醇至爱

巧克力曲奇

材料 糖粉 35 克，黄油 78 克，蛋黄 20 克，黑巧克力 30 克，低筋面粉 120 克

1. 巧克力的加入

将糖粉加入软化的黄油中，用打蛋器搅拌均匀。再加入蛋黄搅拌均匀，最后加入隔水加热化开的巧克力液，搅拌均匀。

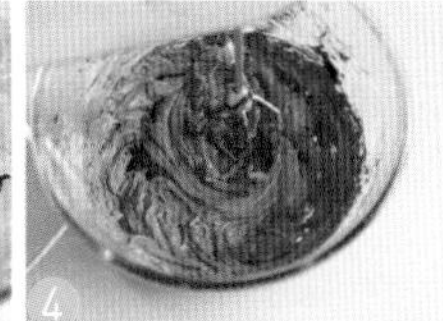

2. 拌成面糊

筛入低筋面粉，用打蛋器搅打后再用刮刀充分翻拌均匀。

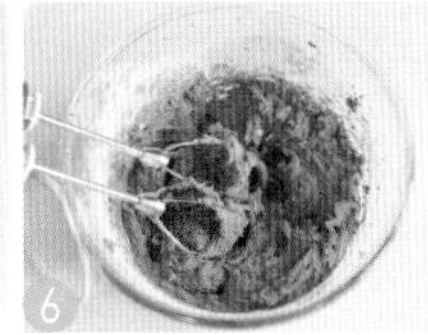

3. 挤一挤，烤一烤

将面糊装入裱花袋，用中号8齿菊花嘴。在烤盘上转圈挤上饼干坯，大小要一样，也可以直接挤菊花曲奇。挤好生坯，送入预热好的烤箱，中层，上下火，175℃，烤15分钟左右。

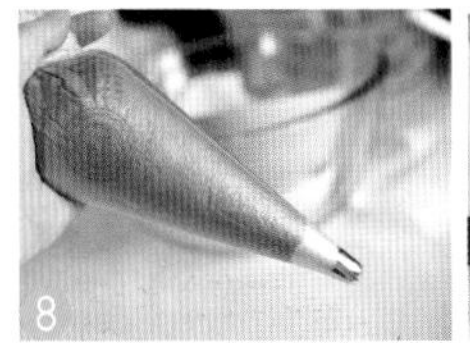

咸香诱惑

香葱曲奇

制作心得

葱需要用提前脱水的，不要用新鲜的葱，水分过高。

材料 黄油78克，低筋面粉120克，牛奶20克，蛋黄30克，糖粉15克，细盐2克，葱15克

1. 干葱制作

将葱切成末，入微波炉加热成干的，然后再切成更细的末。

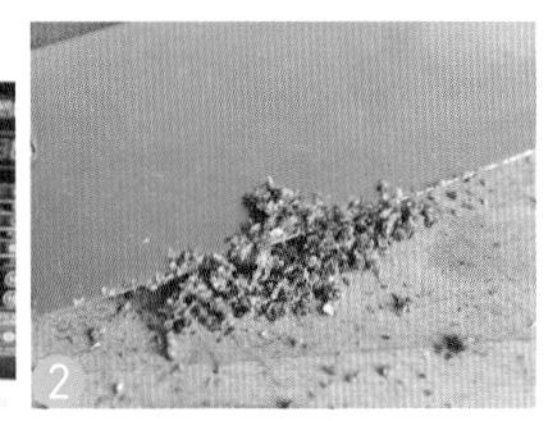

2. 面糊制作

糖粉和细盐加入软化的黄油中。用电动打蛋器搅打1分钟左右，打至黄油呈轻盈而膨胀松软状，加入蛋黄搅拌均匀。再加入牛奶搅拌均匀，最后加入干葱碎搅拌均匀。筛入低筋面粉，拌匀面糊。

3. 挤一挤，烤一烤

将面糊装入裱花袋，用大号的菊花8齿裱花嘴，将面糊挤在铺好油纸的烤盘中，挤的生坯大小要一致，这样烤熟的时间才能一致。送入预热好的烤箱，中层，160℃，烤25分钟左右。

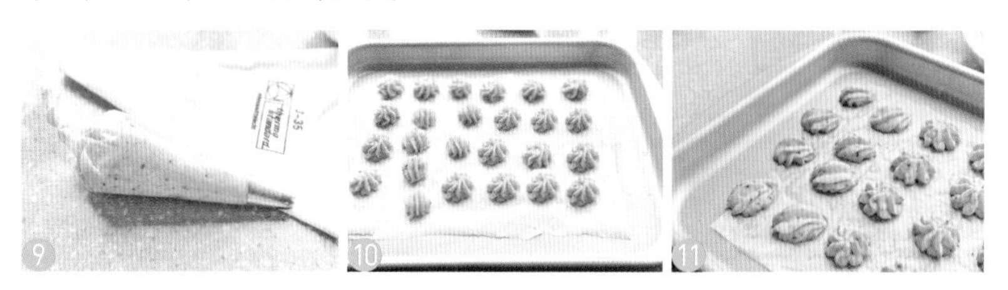

美妙如云端漫步

蛋黄云顶曲奇

材料 黄油78克，糖粉40克，蛋黄30克，低筋面粉120克

1. 面糊制作

将糖粉加入软化的黄油中，用刮刀翻拌均匀。分3次加入蛋黄，翻拌均匀，再筛入低筋面粉，翻拌均匀。

2. 挤一挤，烤一烤

将面糊装入布质裱花袋，用10齿菊花嘴，在烤盘上挤上饼干坯，大小要一致，高度三层即可，觉得云顶有难度的话，也可以直接挤菊花曲奇。挤好后，送入预热好的烤箱，中层，190℃（高温定型），烤10分钟左右。然后转130℃再烤30分钟左右（低温烘熟内心，时间温度仅供参考）。

制作心得

蔓越莓干也可以用其他果脯代替。

酸酸甜甜就是我

经典蔓越莓曲奇

材料 糖粉45克，黄油78克，全蛋液35克，蔓越莓干30克，低筋面粉110克

1. 面糊制作

糖粉倒入软化的黄油中，用电动打蛋器搅打1分钟左右。分2次加入全蛋液，充分搅打均匀。加入切成细末的蔓越莓干，搅拌均匀。筛入低筋面粉搅拌均匀。将面糊装入布质裱花袋，用大号的菊花8齿裱花嘴。

2. 挤一挤，烤一烤

在铺有油纸的烤盘中挤上菊花状（或圈状）生坯，饼坯大小要一致。送入预热好的烤箱，中层，上下火，175℃，烤15分钟左右。

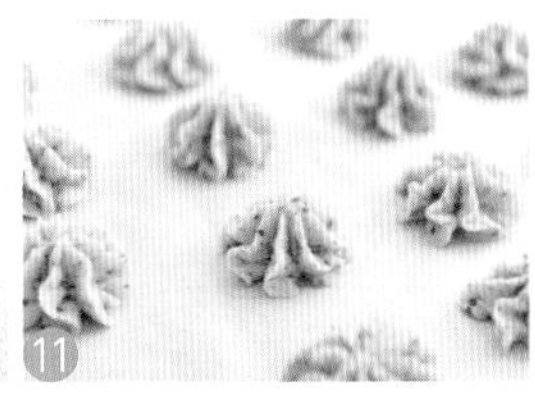
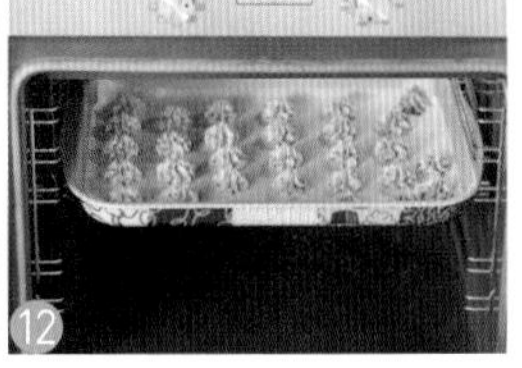

清清爽爽夏日风

抹茶云顶曲奇

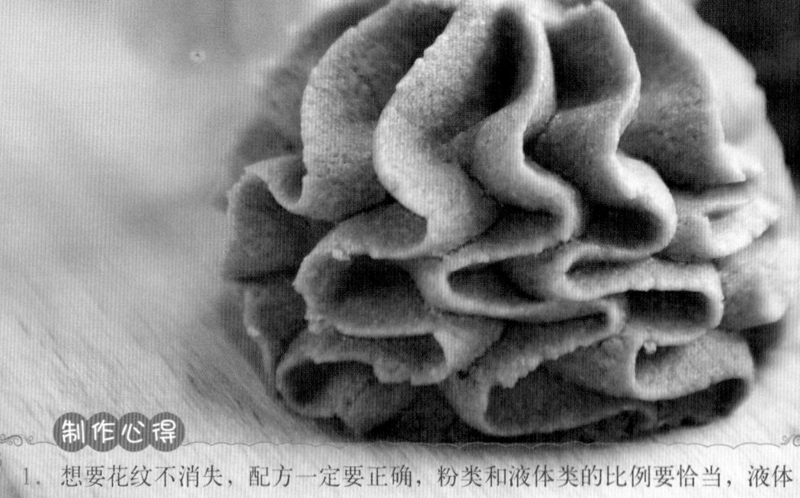

制作心得

1. 想要花纹不消失，配方一定要正确，粉类和液体类的比例要恰当，液体比例高了，花纹容易消失。不要用细砂糖代替糖粉，糖粉是非常重要的定型材料之一。
2. 选对黄油很重要，要用动物黄油。最关键的是，黄油软化后加入糖粉，搅打均匀即可，千万不要过度打发。

材料

糖粉 40 克，
黄油 78 克，
蛋黄 35 克，
低筋面粉 105 克，
抹茶粉 10 克

1. 面糊制作

糖粉倒入软化的黄油中，用电动打蛋器搅打约30秒。分3次加入蛋黄，搅拌均匀。加入混合过筛过的低筋面粉和抹茶粉，搅拌均匀。

2. 挤一挤，烤一烤

将面糊装入裱花袋，用 10 齿中号的菊花嘴（菊花嘴型号可以自选喜欢的）。在烤盘上挤上曲奇坯，大小一致，互不粘连。送入预热好的烤箱，中层，190℃，烤 10 分钟左右（高温定型），然后转 150℃，烤 20 分钟左右（低温烘熟内心）。

淡淡的鲜奶味

奶油云顶曲奇

材料 糖粉40克，黄油78克，淡奶油35克，低筋面粉120克

1. 面糊制作

将糖粉加入软化的黄油中，用蛋抽搅拌均匀。加入淡奶油，搅拌均匀。筛入低筋面粉，用刮刀充分翻拌均匀。

2. 挤一挤，烤一烤

将面糊装入布质裱花袋内，用 10 齿菊花嘴，在烤盘上挤上饼干坯，生坯大小要一致，高度 3 层即可。觉得挤云顶曲奇有难度的话，也可以直接挤菊花曲奇。挤好后，送入预热好的烤箱，中层，190℃，烤 10 分钟左右（高温定型）。然后转 130℃，再烤 30 分钟左右（低温烘熟内心）。

入口即化

酸奶小溶豆

材料 奶粉15克，玉米淀粉15克，老酸奶30克，蛋白50克，细砂糖50克

1. 溶豆面糊制作

将奶粉和玉米淀粉倒入料理盆中，倒入老酸奶，用蛋抽搅拌均匀。蛋白加入细砂糖中，隔热水边加热边用电动打蛋器搅打蛋白液，加热到50℃时离火，继续打发到可拉出弯钩尖角即可。取一半蛋白液加入奶粉面糊中快速拌匀，将面糊倒入剩下的蛋白液中，全部快速拌匀。

2. 挤制与烘焙

将面糊装入裱花袋内，用3毫米圆孔裱花嘴，在烤盘中铺上烤盘纸，有间隔地挤上小饼干面糊坯。送入预热好的烤箱，中层，上下火，80℃，烤100分钟左右。也可做深色的效果，将烤箱温度调到150℃，烤20分钟左右，味道也不错。

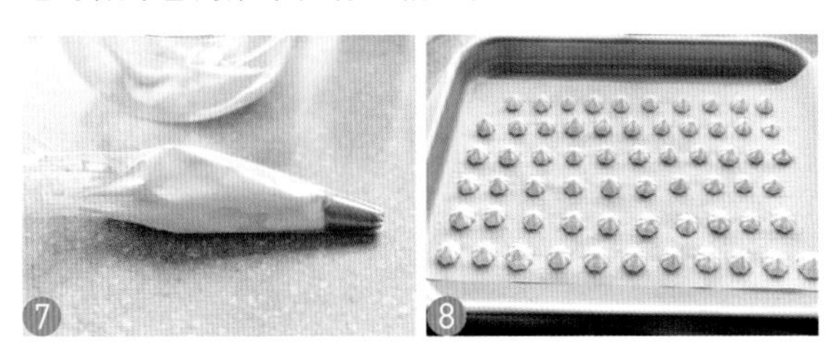

粉红少女心

法式马卡龙皮

材料 杏仁粉35克，糖粉60克，蛋白40克，细砂糖15克，红色食用色素数滴

1. 面糊制作

将杏仁粉和糖粉混合过筛。蛋白加入细砂糖中，用打蛋器打至干性发泡（提起打蛋头，蛋白液能拉出一个直立尖角）的蛋白霜状态。将食用色素滴入蛋白霜内，搅拌均匀。加入糖粉、杏仁粉，翻拌混合均匀，使面糊看起来光滑细腻略有流动感。

2. 挤一挤，烤一烤

将面糊装入裱花袋，袋子的尖头处剪一个直径3毫米的小口。将饼干糊有间隔地挤在盘中，挤好后提起烤盘，用手在盘底拍几下，放在通风处，表面自然风干约30分钟。用手摸一下饼干坯表面，感觉有一层壳了，即可送入预热好的烤箱，中层，上下火，150℃，烤15分钟左右。

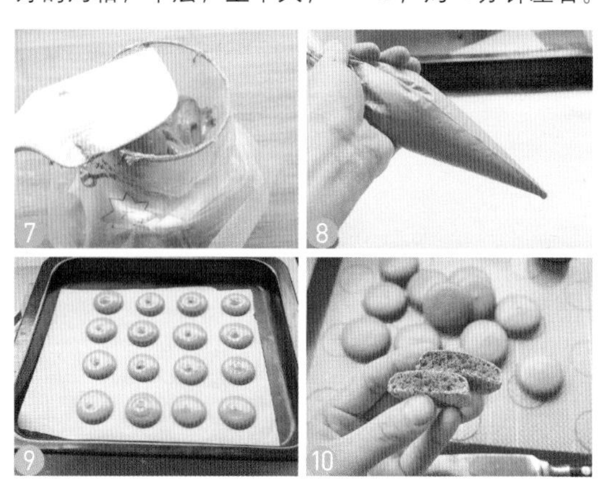

淡淡的鲜奶香

蓝色意式马卡龙

材料

杏仁糊：杏仁粉60克，糖粉60克，蛋白25克，色素1克（约3滴）
意式蛋白霜：细砂糖100克，水20克，蛋白40克，蛋白粉1克
奶黄夹馅：蛋黄2个（40克），玉米淀粉10克，牛奶120克，细砂糖27克

1. 杏仁糊制作

杏仁粉和糖粉混合过筛，蛋白倒入杏仁粉糖粉中搅拌均匀，加入色素搅拌均匀。

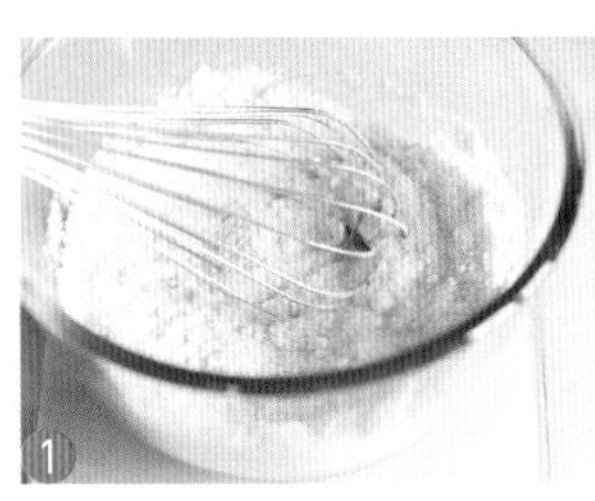

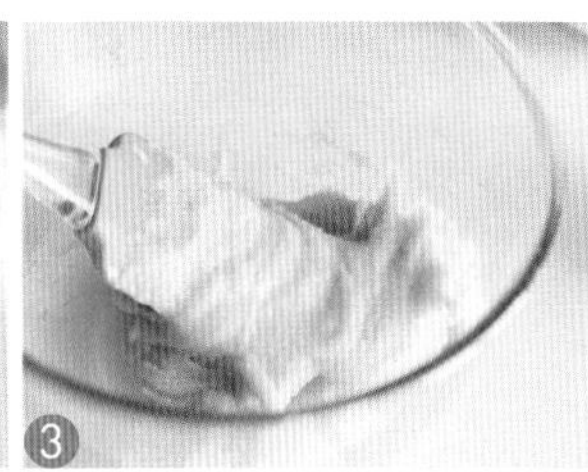

2. 意式蛋白霜制作

细砂糖和水倒入锅中，煮至118℃。蛋白中加入蛋白粉，用打蛋器打发蛋白液至膨胀松软。然后将煮至118℃的糖浆以细流状冲入蛋白液中继续打发，打至蛋白液温度在38℃左右、打蛋头可拉出长弯钩状即可。

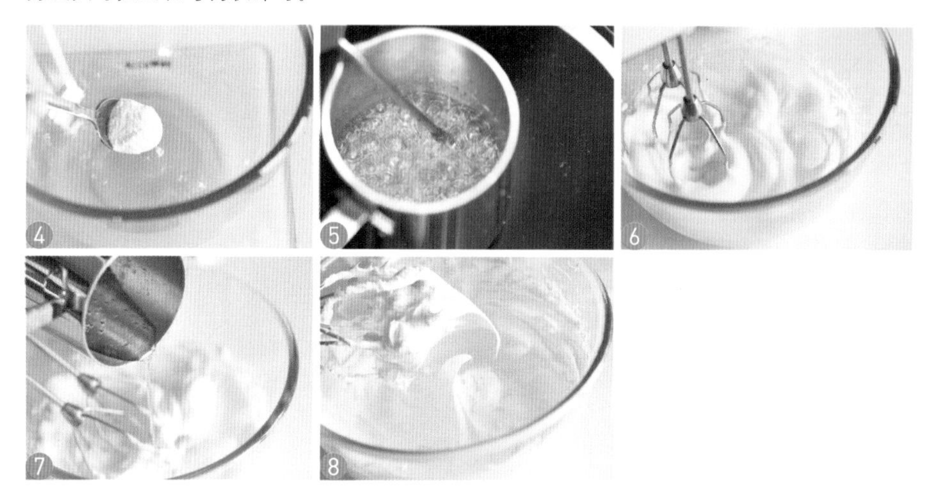

3. 杏仁糊与蛋白霜混合

取1/2蛋白霜入杏仁糊拌匀，再把剩下的蛋白霜加入充分拌匀，拌至刮刀提起面糊呈飘带状垂落。将面糊装入裱花袋。烤盘铺上油垫，有间隔地挤上面糊，拍几下烤盘底部。送入烤箱，160℃，烤12分钟左右。

4. 奶黄夹馅制作

细砂糖加入蛋黄中，用打蛋器搅拌至砂糖化开、蛋黄液颜色变浅。筛入玉米淀粉搅拌均匀，一点一点冲入煮开的牛奶，搅拌均匀。

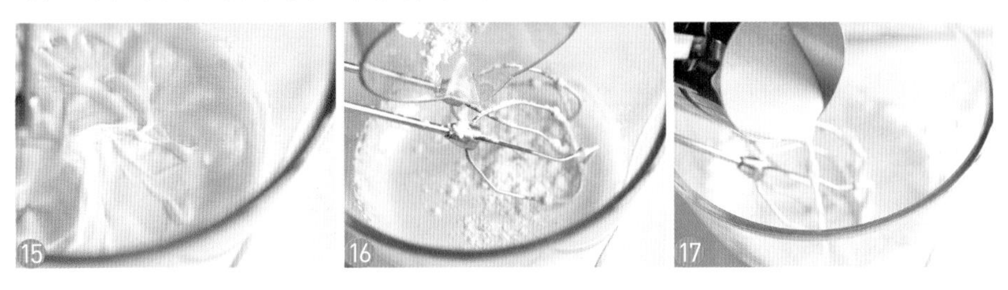

将搅拌好的牛奶蛋黄糊倒入锅中，边煮边搅拌。煮至淀粉糊化（约84℃）、面糊变浓稠，关火，晾凉即可用来作夹馅了。

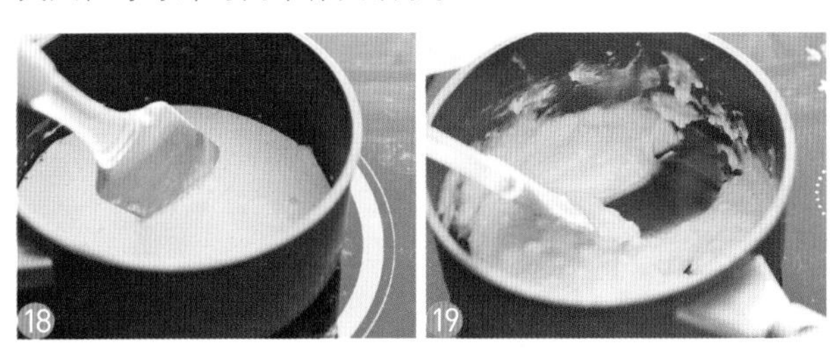

5. 组装

将奶黄夹馅装入裱花袋内，袋子的尖头处剪一个小口。取一块烤好的杏仁蛋白饼，在中心处挤上适量奶黄夹馅，再盖上一块杏仁蛋白饼，用手轻轻挤压一下即可。

第2章

切切就有的饼干

做切块饼干的时候，我们需要注意的是使用的刀要快、切的片要够薄、冷藏时间要刚刚好。

清雅独特的欧陆风情

伯爵红茶切块饼干

材料 糖粉80克，黄油160克，全蛋液60克，低筋面粉300克，伯爵红茶包1个（用25克热水冲泡好晾凉）

1. 面糊制作

将糖粉倒入软化的黄油中，搅打约1分钟，分3次倒入全蛋液，搅拌均匀。将晾凉的红茶水连渣一起倒入，搅拌均匀。筛入低筋面粉，先手动搅拌几下，然后再用电动打蛋器搅打10秒左右。退去打蛋头，改用刮刀，翻拌几下，把盆壁上的面糊刮干净。

2. 整形、切片

将面团放到保鲜膜上，按压搓成圆条状。也可以利用手头各种饼干模具进行整形，不一定非要做成圆形，方形的也可以。面团送入冰箱冷藏半天至变硬，切成均匀的薄片。烤盘上铺入烤盘纸，将饼干坯有间隔地码至烤盘纸上。

3. 烘焙

送入预热好的烤箱，中层，170℃，烤15分钟左右。烤好之后，及时取出晾凉。

吃出太妃糖的味道

奶油焦糖饼干

材料 细砂糖100克，淡奶油100克，糖粉30克，低筋面粉215克，蛋黄20克，黄油100克

1. 奶油焦糖酱制作

100克细砂糖加25克清水，煮至160℃离火，冲入加热的100克淡奶油，晃动几下搅拌均匀，晾凉即可使用。（没有温度计的话就只能用眼观察啦，煮至焦糖色时立即离火，焦糖色有深有浅，请选择浅色，深色会很苦的。）

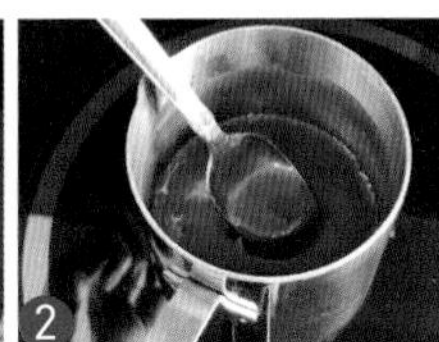

2. 面团制作

将80克奶油焦糖酱和30克糖粉倒入软化的黄油中，用电动打蛋器搅打2分钟至均匀。再加入蛋黄打匀，筛入低筋面粉搅拌几下，退去打蛋头，换刮刀拌成面团。

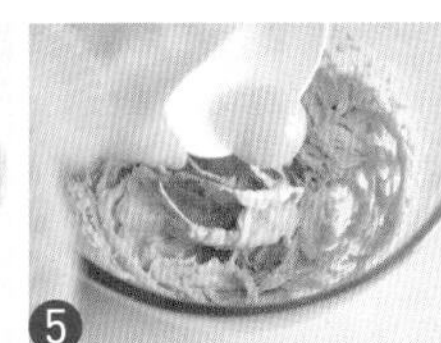

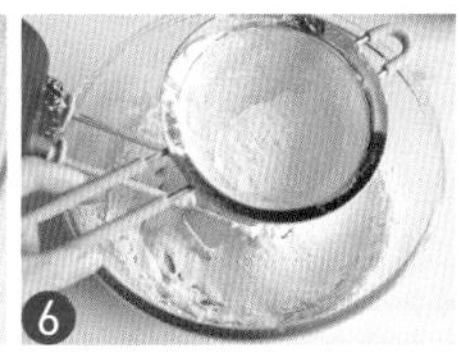

3. 整形与烘焙

将面团装入食品保鲜袋里，捏成长条，卡进模具里。（没有饼干模的话，就用双手将面团搓成长条，也可以找些辅助塑形的工具。）入冰箱冷藏至硬后取出，切成薄片，每片厚约0.3厘米。将饼干坯有间隔地码入烤盘，送入预热好的烤箱，中层，上下火，180℃，烤20分钟左右。

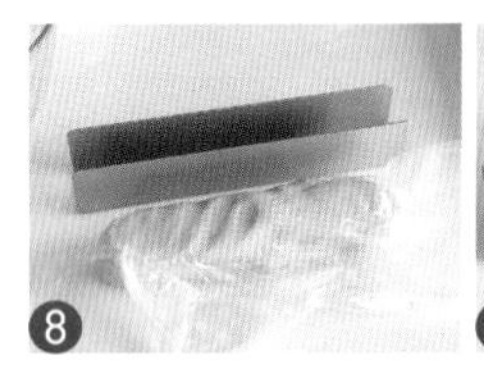

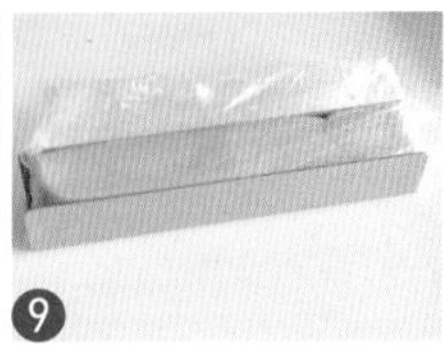

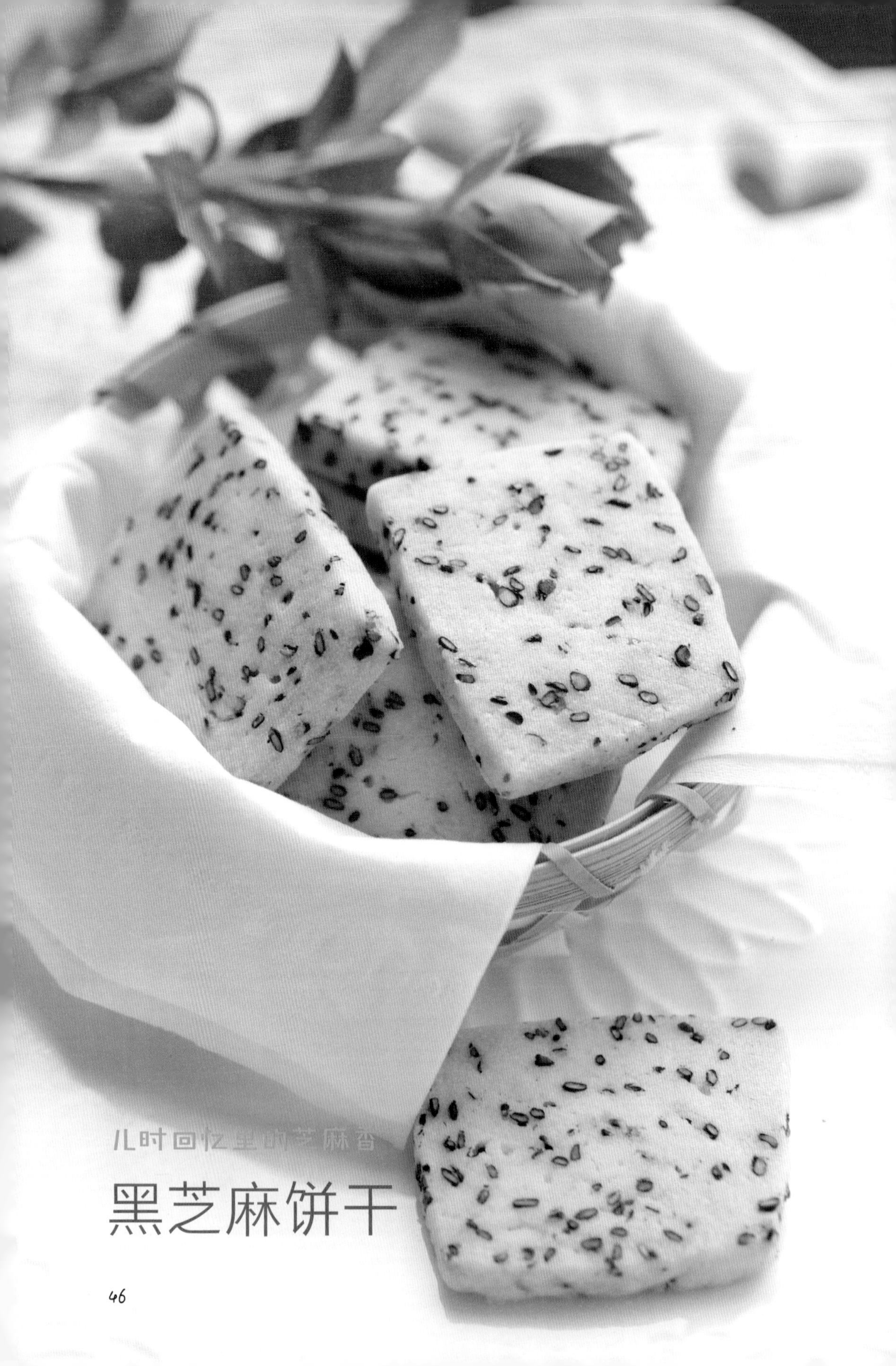

儿时回忆里的芝麻香

黑芝麻饼干

材料 糖粉40克，黄油78克，全蛋液40克，低筋面粉150克，黑芝麻25克

1. 面团制作

糖粉加入软化的黄油中，先用打蛋器以低速搅打10秒钟，再用高速搅打1分钟，然后分3次加入全蛋液，充分搅拌均匀。筛入低筋面粉搅拌均匀，加入烤熟的黑芝麻搅拌均匀，用手揉成面团。

2. 整形、切片与烘焙

将面团整成方块形，用保鲜膜包好，入冰箱冷藏2小时至面团变硬。取出方面团，切成2厘米×2厘米的长条，再切成每片厚约4毫米的薄片。将饼干坯有间隔地码入烤盘，送入预热好的烤箱，中层，上下火，170℃，烤15分钟左右。

薄脆感，香甜味

核桃蔓越莓长片饼干

材料 糖粉 50 克，黄油 200 克，全蛋液 50 克，核桃仁 50 克，蔓越莓干 50 克，低筋面粉 340 克

1. 面团制作

将糖粉加入软化的黄油中，用电动打蛋器打至完全混合，大约耗时1分钟。分3次加入全蛋液，打至轻盈如羽毛状。加入切碎的蔓越莓干和核桃仁，搅拌均匀。加入过筛的低筋面粉，用打蛋器稍搅拌后换成硬质刮刀，拌至没有干粉，继续拌至呈抱团状即可。

2. 整形、切片与烘焙

将面团整成2厘米厚的大面片，包上保鲜膜，入冰箱冷藏2小时至面团变硬。面团变硬后切成长10厘米、宽2厘米、厚0.3厘米的薄片。将饼干坯铺入烤盘，片与片间间隔1厘米左右。送入预热好的烤箱，中层，上下火，180℃，烤10分钟左右。晾凉后密封保存即可。

嘎吱嘎吱脆

混合坚果薄片饼干

材料 糖粉60克，黄油100克，全蛋液55克，低筋面粉200克，混合果仁60克

1. 面糊制作

糖粉加入软化的黄油中，用打蛋器以中高速搅打1分钟，全蛋液分3次加入，搅打均匀。加入过筛的低筋面粉，搅拌均匀。

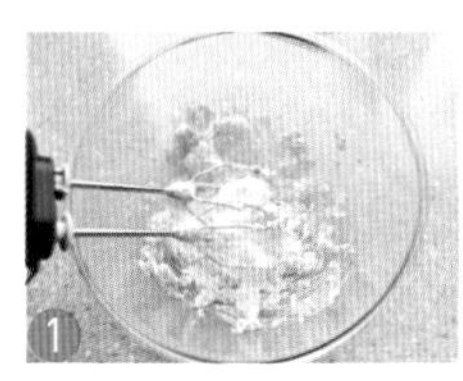

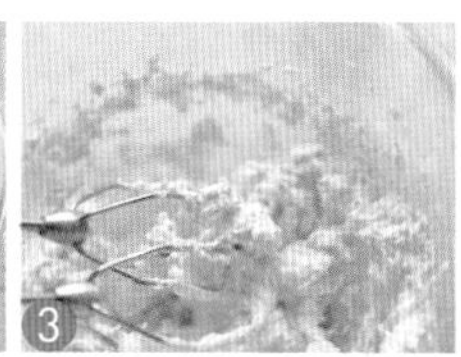

2. 加入果仁整形

将果仁切碎粒，倒入黄油面糊中拌匀。将面糊整理成宽7厘米、厚1厘米的面团，入冰箱冷藏2小时至面团变硬。

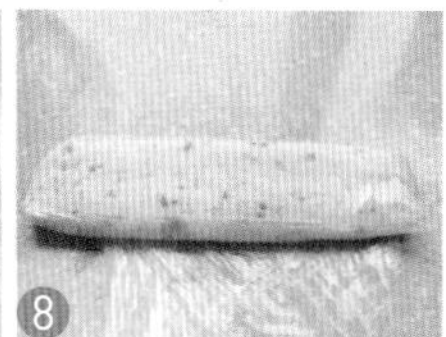

3. 切片与烘焙

取出面团切片，每片厚度约3毫米，有间隔地码入烤盘中。送入预热好的烤箱，中层，上下火，170℃，烤15分钟左右。取出晾凉即可食用。

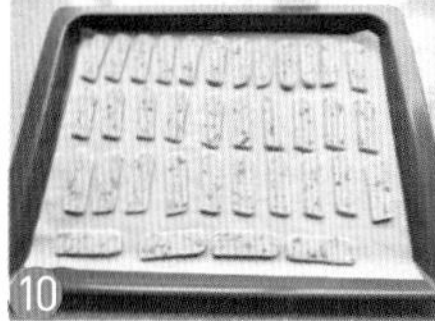

开心果杏仁方块饼干

材料 黄油220克，糖粉100克，全蛋液60克，混合果仁150克，低筋面粉350克

1. 面团制作及整形

果仁切碎粒。糖粉加入软化的黄油中，先用打蛋器低速搅打10秒钟，再用高速搅打1分钟，然后分3次加入全蛋液，充分搅拌均匀。

1

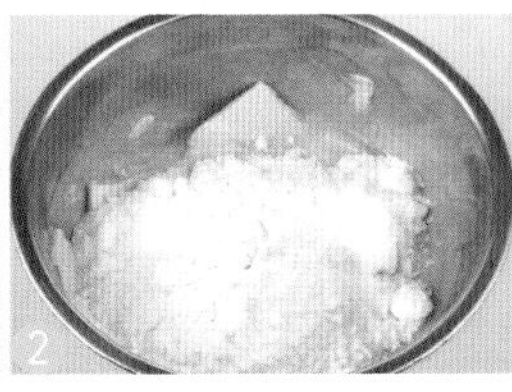
2

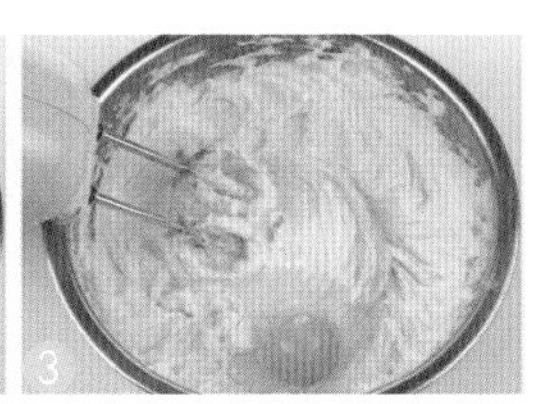
3

将坚果碎加入黄油蛋糊盆中搅拌均匀，筛入低筋面粉搅拌均匀，并揉成面团。用辅助工具或其他方法将面团整成方块形（我用的是方形慕斯圈）。

4

5

6

2. 切片与烘焙

将面团用保鲜膜包好，入冰箱冷藏2小时至面团变硬，然后取出方面团。切成2厘米宽的长条，再切成每片厚约4毫米的薄片。将饼干坯有间隔地码入烤盘，送入预热好的烤箱，中层，上下火，170℃，烤15分钟左右。

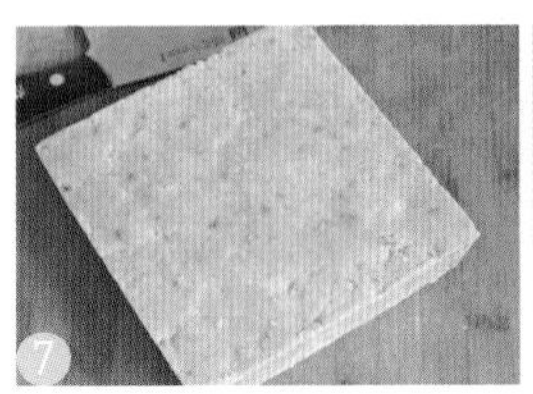
7

8

9

可口可开心

可可开心果饼干

制作心得

1. 可可粉可以用其他粉类代替，比如抹茶粉等。
2. 刚拌好的面团非常软，必须经过冷藏才能切出整齐的块状。

材料 糖粉40克，黄油78克，全蛋液40克，开心果仁55克，低筋面粉155克，可可粉10克

1. 面团制作

糖粉加入软化的黄油中，先用打蛋器以低速搅打10秒钟，再用高速搅打1分钟，然后分3次加入全蛋液，充分搅拌均匀。筛入低筋面粉和可可粉搅拌均匀，将开心果仁切碎，加入盆中搅拌均匀，用手揉成面团。

2. 整形、切片

将面团整成方块形，用保鲜膜包好，入冰箱冷藏2小时至面团变硬。然后取出方面团，切成2厘米宽的长条，再切成每片厚约4毫米的薄片。

3. 烘焙

将饼干坯有间隔地码入烤盘，送入预热好的烤箱，中层，上下火，170℃，烤15分钟左右。

好吃到不敢相信

杏仁香草饼干

材料 黄油165克，低筋面粉200克，杏仁粉90克，香草荚1/2根（或香草精几滴），全蛋液50克，糖粉70克，细砂糖适量（撒表面用）

1. 面团制作

将黄油软化，加入糖粉打至颜色略浅，体积变轻盈；分3次加入全蛋液，打至膨胀松软。打开香草荚，加入香草籽搅打均匀。加入杏仁粉搅拌均匀。加入过筛的低筋面粉，先用打蛋器稍搅打，再用手和成面团。

2. 整形、切片

将面团装进食品保鲜袋里，按压平整，入冰箱冷藏2个小时至面团变硬。将面团从冰箱取出，先切成条，再切成每片约6克重的小饼干坯。

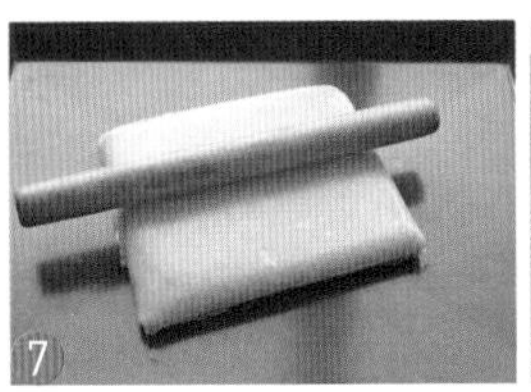

3. 烘焙

将饼干坯有间隔地铺入烤盘，撒上适量细砂糖，用手指头或者擀面杖压一压。送入预热好的烤箱，中层，上下火，170℃，烤15分钟左右。

晕开了抹茶的芳香

抹茶螺旋曲奇饼干

材料 原色面团：糖粉30克，黄油40克，牛奶20克，低筋面粉90克
抹茶面团：糖粉30克，黄油40克，牛奶20克，低筋面粉80克，抹茶粉10克

1. 面团制作

原色面团与抹茶色面团需要同步操作。将60克糖粉放入软化的80克黄油中，先手动搅拌几下，再用电动打蛋器开高速搅打1分钟左右，然后分2～3次倒入牛奶，搅拌均匀。将搅拌好的材料均分，盛入两个盆内再同步筛入粉类。一份筛入90克低筋面粉。另一份筛入10克抹茶粉和80克低筋面粉。用打蛋器分别稍搅打，退去打蛋头换成刮刀，分别拌成原色面团与抹茶面团。

2. 双色卷制作

将抹茶面团放入油纸中，擀扁到约0.6厘米厚。将原色面团放入另一油纸中，同样擀扁到约0.6厘米厚。将两种面片叠加，擀扁至0.3厘米厚，然后将面片切成20厘米×12厘米的长方形。用油纸辅助将面片卷起来，卷成圆柱状，放入冰箱冷藏至硬即可。

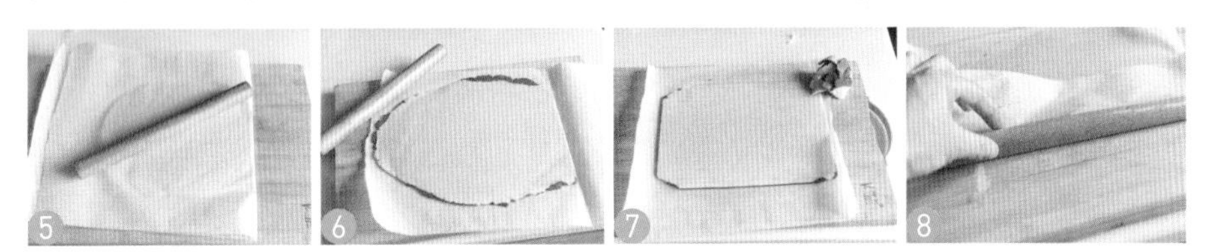

3. 烘焙＋边角料处理

切成每片约0.3厘米厚的薄片，码入铺了油纸的烤盘中。送入预热好的烤箱，中层，上下火，160℃，烤20分钟。边角料可以搓成长条，入冰箱冷藏至硬后切片。铺入烤盘，同样以160℃，烤15～20分钟。边角料体积较小，要在大约第15分钟时开始观察上色情况，以免烤焦。

好吃又可爱的牛奶小方块

牛奶方块饼干

制作心得

1. 为方便大家使用各种不同的工具来制作饼干，这道食谱，我用厨师机进行示范操作。拌饼干面糊一般用到的是桨叶头。
2. 当黄油用量比较少时，搅打中途要停下来用刮刀刮一下盆壁。
3. 因制作饼干的面糊，不能过多搅拌，加入粉类后只要拌匀就可以了。所以，在筛入粉类后可以直接用刮刀手动拌成面糊，不用再装回厨师机内搅打了。

材料 糖粉80克，黄油160克，奶粉30克，牛奶80克，低筋面粉300克，玉米淀粉25克

1. 面糊制作一

将软化的黄油倒入蛋缸中，再加入糖粉，将盆按上厨师机，使用桨叶头，开1挡转10秒钟，换6挡打约2分钟，可看到图3状态。

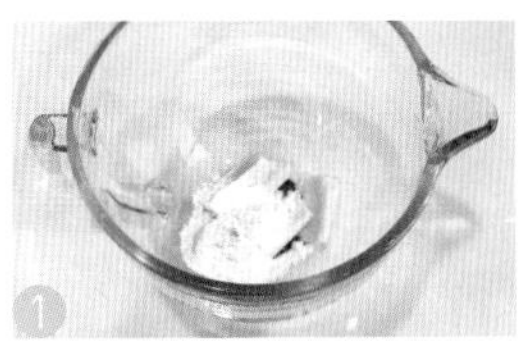

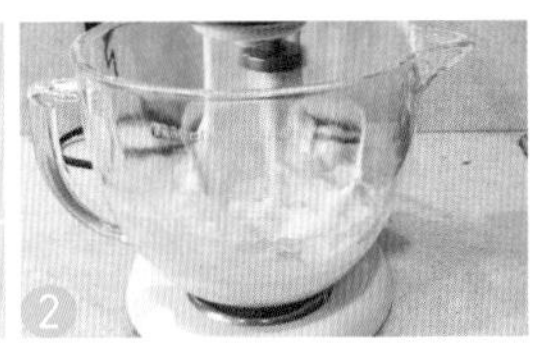

2. 面糊制作二

将厨师机的挡位开至1挡，加入奶粉搅拌几下。再将挡位开至5挡，然后开始沿盆壁慢慢加入牛奶，牛奶要分5次加，每次都要看到黄油糊与牛奶充分混合了，再倒下一次。全部牛奶与黄油糊完全混合后，关闭挡位，加入混合过筛过的低筋面粉和玉米淀粉搅拌几下，将盆装回厨师机，用1挡搅拌半分钟左右就可以取下来了。

3. 整形、切块

将桨叶头上的面糊刮回盆中，将面糊在盆中拌几下，然后刮到食品保鲜袋里，按扁，擀至约0.4厘米厚，送入冰箱冷藏至硬。将面片切成每块约1厘米见方的小块，有间隔地放至铺有油纸的烤盘上，用筷子在中间插上小孔。

4. 烘烤

将烤盘送入预热好的烤箱，170℃，烤20分钟左右。取出晾凉即可食用。

经典蔓越莓饼干

材料 糖粉40克，黄油78克，全蛋液35克，蔓越莓干30克，低筋面粉150克

1. 面团制作

糖粉加入软化的黄油中，先手动搅拌几下，再将电动打蛋器开至高速搅打1分钟，然后分3次加入全蛋液充分搅拌均匀。加入切成碎丁的蔓越莓干，搅拌均匀。加入过筛的低筋面粉，搅拌均匀成面团。

2. 面团整形

将面团整成长条形，可借助U形饼干的整形工具，也可以像我这样，将面团装入食品保鲜袋来整形。

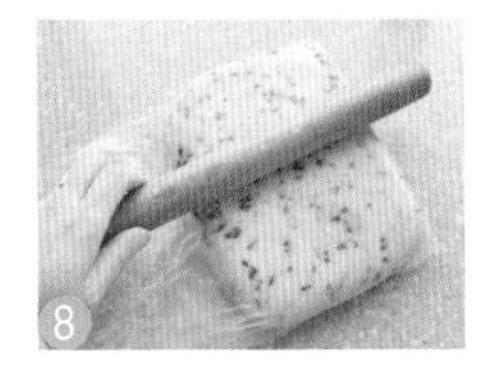

3. 切块与烘焙

面团入冰箱冷藏至变硬。将面团切成3毫米厚的薄片，铺入烤盘中。送入预热好的烤箱，中层，上下火，170℃，烤15分钟左右。

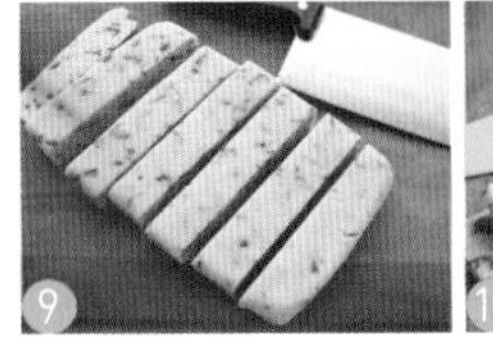
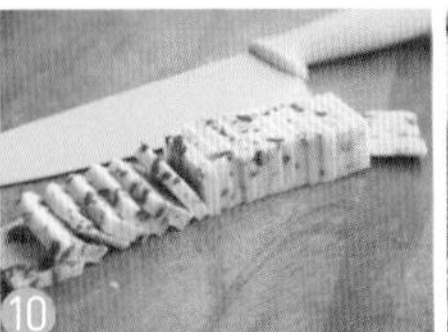

制作心得

1. 饼干生坯千万不要做太厚了，否则饼干中心可能会不熟。
2. 烤箱的温度和时间仅供参考，烘焙的最后几分钟建议在烤箱附近观察饼干的上色情况。

酸甜又酥松，好神奇的口感

蔓越莓酥饼

材料 糖粉60克，黄油156克，蛋黄60克，蔓越莓干50克，低筋面粉270克，玉米淀粉15克，奶粉15克，泡打粉1克

1. 面团制作

糖粉加入软化的黄油中，先手动搅拌几下，再将电动打蛋器开至高速搅打1分钟，然后分3次加入蛋黄，充分搅拌均匀。加入过筛的低筋面粉、奶粉、玉米淀粉和泡打粉搅拌均匀，再加入切成碎丁的蔓越莓干拌匀，揉成面团。

2. 整形、切块与烘焙

将面团装入食品保鲜袋里，按扁至大约6毫米高，入冰箱冷藏2个小时至面团变硬。取出切条，再切成每个约1厘米宽、2厘米长的饼干坯。码入烤盘中，刷上一层全蛋液，入预热好的烤箱，中层，上下火，170℃，烤20分钟左右。

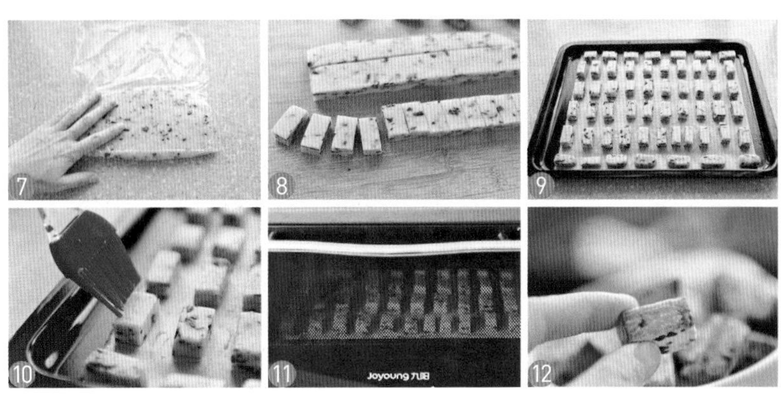

好看又香酥的

棋格饼干

材料 可可面团：黄油78克，糖粉40克，牛奶30克，低筋面粉155克，可可粉15克
原色面团：黄油78克，糖粉40克，牛奶30克，低筋面粉170克

1. 面团制作

将糖粉倒入软化的黄油中。电动打蛋器开至高速，打发黄油1分钟。分5次加入牛奶，充分拌匀。提前将可可粉和低筋面粉称量过筛。将过筛后的粉类倒入黄油糊中拌匀。退去打蛋头，换成刮刀，拌成团。以同样的方法做好原色面团。

2. 整形、切块与烘焙

将两种面团分别整成长条，用油纸包起来，送入冰箱冷藏至硬。切成底部为0.8厘米见方的长方体，4条长方体如图10的方式叠加起来，适当按压紧实。用刀切成0.3厘米厚的薄片，码入烤盘，送入预热好的烤箱，中层，上下火，165℃，烤15分钟左右。

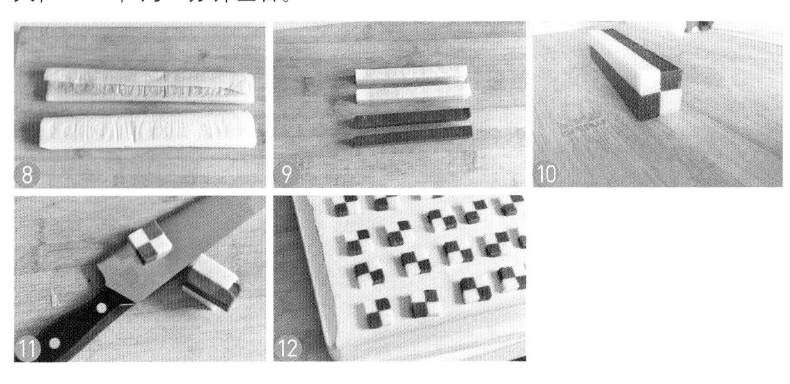

下午茶弥漫着杏仁香

杏仁薄片曲奇饼干

材料 糖粉25克，黄油78克，细砂糖25克，全蛋液35克，杏仁片30克，低筋面粉160克

1. 面团制作

糖粉加入软化的黄油中，用蛋抽用力搅打1分钟。加入细砂糖搅拌均匀，分3次加入全蛋液搅拌均匀。加入杏仁片搅拌均匀，再加入过筛的低筋面粉搅拌均匀，用手和成面团。

2. 整形、切块与烘焙

将面团装入食品保鲜袋内，整成长方体面团（可借助U型饼干整形模），入冰箱冷藏2小时以上至面团变硬。切成每片边长约2厘米×2厘米，厚度约3毫米的饼干生坯。码入烤盘，送入预热好的烤箱，170℃，烤15～20分钟（注意观察上色情况）。

萌翻少女心的

熊猫饼干

材料

原色面团：黄油78克，糖粉40克，牛奶30克，低筋面粉170克
抹茶面团：黄油78克，糖粉40克，牛奶30克，低筋面粉155克，抹茶粉15克
可可面团：黄油78克，糖粉40克，牛奶30克，低筋面粉155克，可可粉15克

1. 面团制作

40克糖粉加入软化的78克黄油中，用打蛋器搅打约1分钟左右。分5次加入30克牛奶，每次都充分搅拌均匀后再加入下一次。将155克低筋面粉和15克抹茶粉混合过筛。将过筛后的粉类加入黄油盆中搅拌均匀，用打蛋器手动搅拌几下（打至面糊成团即可），用刮刀拌成抹茶面团。依法将可可面团、原色面团做好。接下来开始制作熊猫面团，先搓一条可可色的面团长条，然后擀出一片长条状的原色面片。

2. 整形、切块与烘焙

用原色面片把可可色面团长条包起来，搓一下。再搓出两条可可色的面团长条，如下图放置在原色面团长条的两侧。再包一层原色面片，搓圆。在原色大面条上面再放置一条绿色面团条、两条可可色面团条，如下图。用绿色面片包裹起来，搓圆，送入冰箱冷藏至硬。取出面团，切成0.3厘米厚的片。铺入烤盘，送入预热好的烤箱，中层，上下火，160℃，烤20分钟左右。要注意观察上色情况。

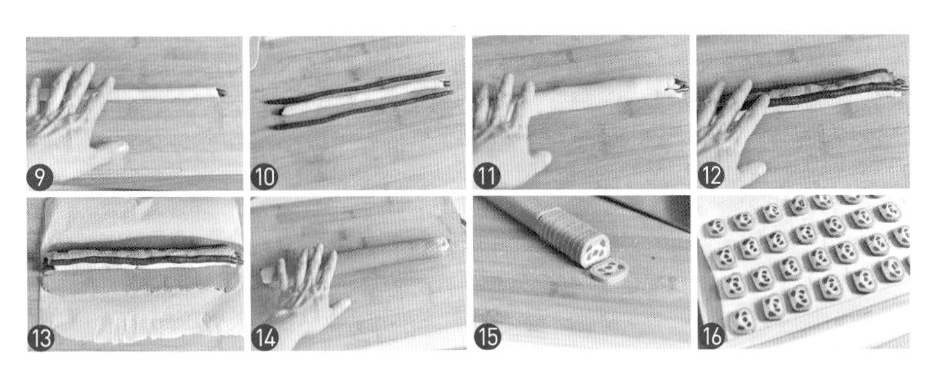

第3章

用到模具的饼干

做卡通造型饼干的时候，模具的使用方法要先研究透彻。下模之前要确认面片的硬度刚刚好。脱模的时候要小心谨慎。

慢慢烘出刺绣感

刺绣饼干

材料 黄油80克，糖粉40克，蛋黄25克，低筋面粉160克

1. 面团制作

将糖粉倒入软化的黄油中，用电动打蛋器先以最低速搅打10秒钟，再换成高速搅打1分钟左右，加入蛋黄搅拌均匀。筛入低筋面粉，先最低速搅拌成面絮状，然后退去打蛋头换成刮刀，将面絮拌成面团。

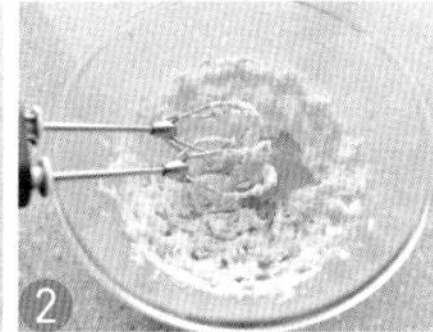

2. 切模与烘焙

将面团放在保鲜膜上，再盖上一层保鲜膜，用擀面杖擀成3毫米厚的薄片，送入冰箱冷藏半小时至面片变硬。用饼干切模按下饼干坯，有间隔地码在烤盘上，用牙签扎出自己喜欢的图案，送入预热好的烤箱，中层，上下火，170℃，烤20分钟左右。

每一块都有暖暖的爱

子瑜妈妈版姜饼人

材料

饼干坯：黄油80克，肉桂粉0.7克，红糖粉35克，全蛋液30克，蜂蜜30克，姜黄粉0.7克，低筋面粉160克

糖　霜：糖粉150克，蛋白20克，柠檬汁5克

1. 面团制作

将低筋面粉、姜黄粉和肉桂粉混合过筛。将红糖粉单独过筛后倒入软化的黄油中，用电动打蛋器搅打1分钟。加入全蛋液搅打均匀，再加入蜂蜜搅打均匀，最后加入过筛的低筋面粉拌匀，换刮刀拌成面团。

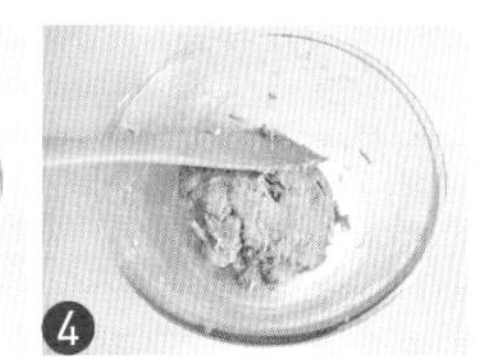

2. 切模与烘焙

将面团擀成0.3厘米厚的薄片，送入冰箱冷藏至面团变硬，用姜饼人切模切出饼干生坯。将生坯移入烤盘，送入预热好的烤箱，中层，上下火，180℃，烤15分钟左右。

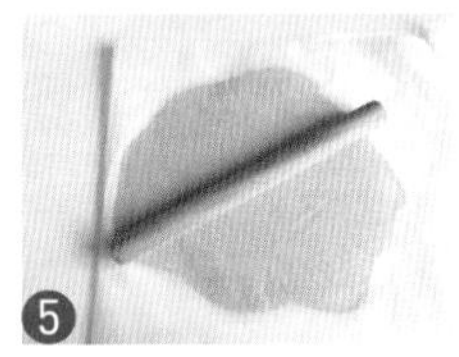

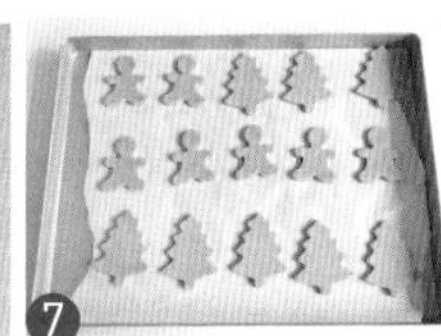

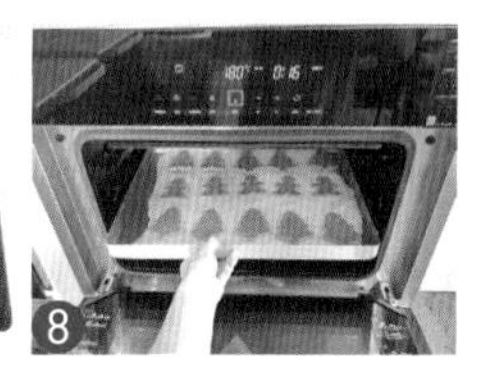

3. 糖霜制作

150克糖粉中加入20克蛋白和5克柠檬汁，搅拌至如图10状态。将糖霜分成4份，分别调色，手绘饼干。

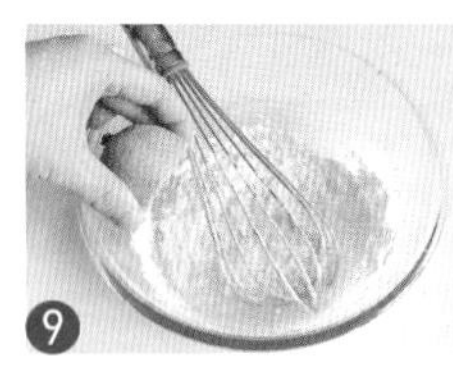

圣诞夜的甜蜜

星星饼干

材料 原色面团：糖粉70克，黄油100克，全蛋液50克，低筋面粉200克
可可面团：糖粉70克，黄油100克，全蛋液50克，低筋面粉190克，可可粉10克

1. 面团制作

糖粉加入软化的黄油中，以低速搅打10秒，再以高速搅打1分钟。分3次加入全蛋液，每次加入后充分搅拌均匀至细腻状态，再加下一次。筛入低筋面粉，揉成面团，将面团擀成厚约3毫米的薄片，送入冰箱冷藏30分钟。依法将可可面团也做好。

2. 切模与烘焙

用星星模具切出饼干坯，铺在烤盘纸上。入预热好的烤箱，中层，150℃，烤15～20分钟。（用150℃是为了控制上色。）

3. 组装

将白巧克力隔热水化开，在大星星形饼干坯上放上一点巧克力，然后盖上小星星形饼干坯。最后在小星星形饼干坯上画上笑脸，星星饼干就做好了。

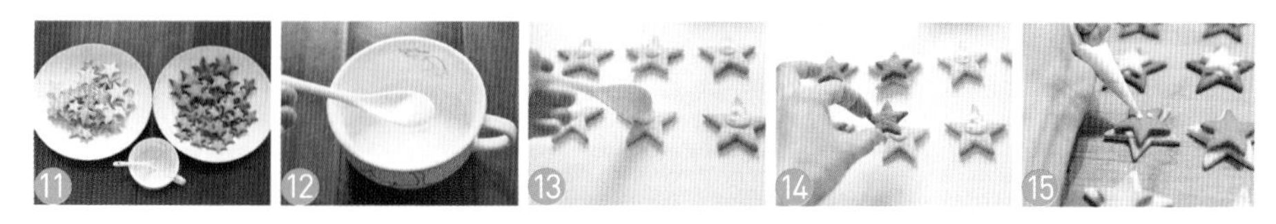

萌萌哒

卡通饼干

材料

原色面团：
糖粉 40 克，
黄油 78 克，
全蛋液 30 克，
低筋面粉 170 克

可可面团：
糖粉 40 克，
黄油 78 克，
全蛋液 30 克，
可可粉 15 克，
低筋面粉 155 克

抹茶面团：
糖粉 40 克，
黄油 78 克，
全蛋液 30 克，
抹茶粉 15 克，
低筋面粉 155 克

1. 面团制作

糖粉加入软化的黄油中，用电动打蛋器高速搅打约1分钟，分3次加入全蛋液搅拌均匀。将低筋面粉和可可粉混合过筛后倒入黄油中，以打蛋器搅打均匀，再换刮刀拌成面团。依法做好抹茶面团和原色面团。

2. 切模与烘焙

将面团擀成 0.3 厘米厚的薄片，入冰箱冷藏至硬，从冰箱取出，用饼干模具切模，将饼干坯铺入烤盘，送入烤箱，170℃，中层，上下火，烤 15 ~ 18 分钟。边角料搓成长条，切片，烤成迷彩饼干。

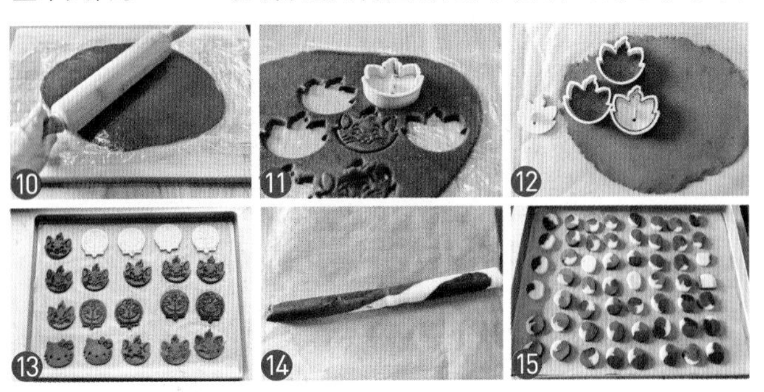

香脆微甜，健康贴心

燕麦养生小圆饼

材料 即食麦片200克，全蛋液50克，黄油78克，糖粉45克

1. 散面团制作

糖粉加入软化的黄油中，搅拌约1分钟，至黄油与糖粉充分融合，质感细腻。加入蛋液充分搅拌均匀，再加入即食麦片搅拌均匀。

2. 塑形与烘焙

烤盘内先放上直径3.5厘米的小钢圈，舀入一勺燕麦散面团，按压紧实，脱去钢圈。面片厚约0.4厘米。送入预热好的烤箱，中层，上下火，170℃，烤15分钟左右即可。

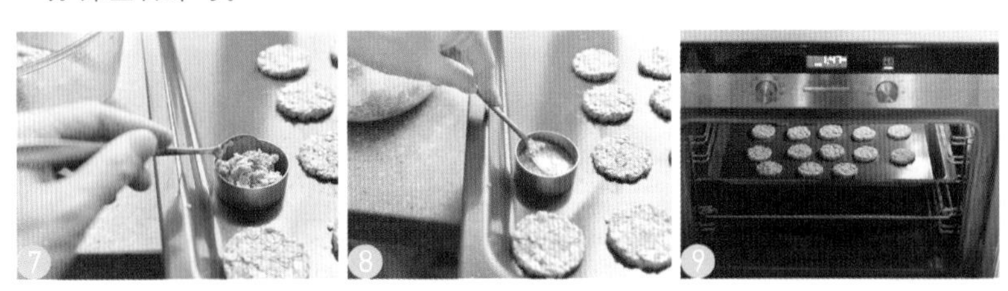

圣诞老爷爷送来的祝福

圣诞必备姜饼屋

材料

面团：糖粉40克，全蛋液25克，蜂蜜35克，红糖40克，黄油50克，水35克，肉桂粉1克，姜黄粉3克，低筋面粉245克

糖霜：蛋白20克，糖粉150克，柠檬汁5克

1. 面团制作

黄油化开，所有粉类过筛。将所有材料混合在一起，拌匀后揉成面团，盖上保鲜膜静待半小时。用擀面杖擀成0.3厘米厚的薄片，送入冰箱冷藏至面片变硬，用时约30分钟。

2. 烘制饼干片

准备好一套姜饼屋的图片纸（网络搜索“姜饼屋图纸”即可下载到），从冰箱取出冷藏好的面片，将图片纸贴上后用小刀刻出图形。用刀叉在面坯上扎孔，然后将面片整齐地铺在烤盘上。送入预热好的烤箱，中层，上下火，170℃，烤10～15分钟。

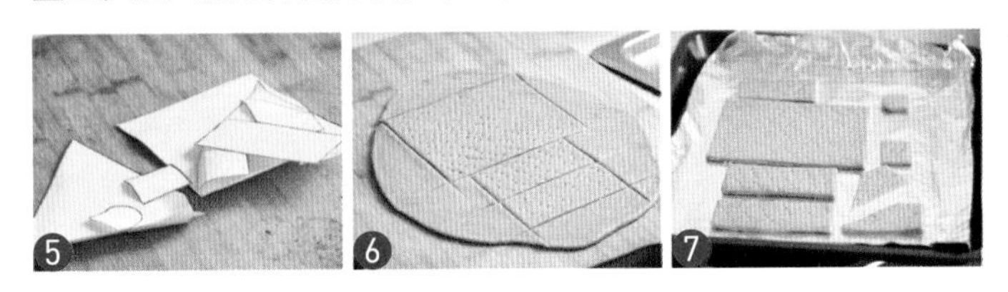

3. 组装

将20克蛋白、150克糖粉、5克柠檬汁倒在一个碗里，用打蛋器搅打至能拉起长长的浓稠糖粉糊即可。将糖霜分成5小份，其中4份各滴入彩色的食用色素。用糖霜作为黏合剂，将房子拼粘起来。注意，糖霜要做得稠一点。最后在屋顶装饰上糖霜，粘上糖果，24小时后就是一座比较结实的姜饼屋了。

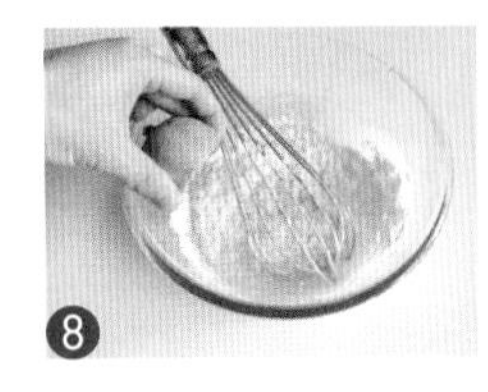

我可是国宝，嘻嘻

熊猫饼干

材料 原色面团：糖粉60克，黄油100克，全蛋液40克，低筋面粉180克
可可面团：糖粉60克，黄油100克、全蛋液40克，低筋面粉165克，可可粉15克

1. 双色面片制作

黄油切小块，软化后加入糖粉，用打蛋器打至轻盈膨胀松软的状态。分3次加入全蛋液，每次都搅打细腻后再加下一次全蛋液，打至轻盈膨胀松软的状态。

筛入低筋面粉，手动搅拌均匀（不要过分搅拌哦）。将面糊装入保鲜袋，擀成0.2厘米厚的薄片（注意，这款属于比较薄的饼干片），送入冰箱冷藏。同理同法做好可可色面片，送入冰箱冷藏。

2. 切模并烘焙

使用熊猫饼干模具，在冷藏变硬的面片上切出图形，拼粘成熊猫状。平铺在烤盘里，送入预热好的烤箱，中层，上下火，160℃，烤20分钟左右，注意随时观察饼干上色情况。

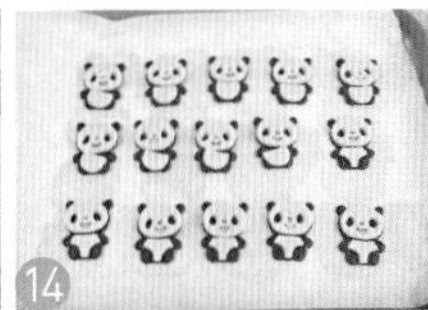

带上饼干去跳舞

万圣节必备南瓜饼干

材料 糖粉30克，黄油100克，南瓜泥50克，低筋面粉170克

1. 面团制作

糖粉倒入软化的黄油中，用电动打蛋器以最低速搅打10秒钟左右，换成高速搅打1分钟左右。加入南瓜泥搅拌均匀。筛入低筋面粉，先用打蛋器以最低速搅拌成面絮状，然后退去打蛋头换成刮刀，将面絮拌成面团。

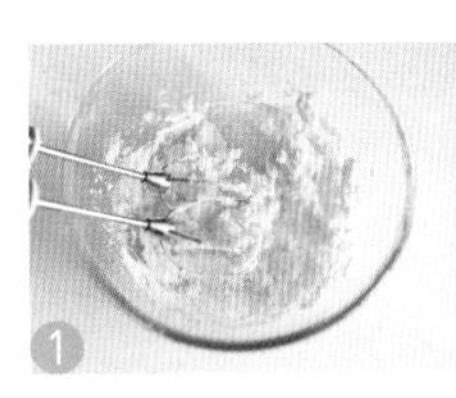
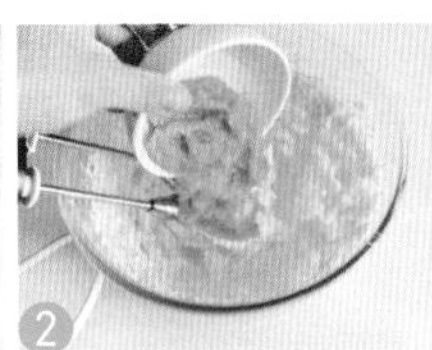
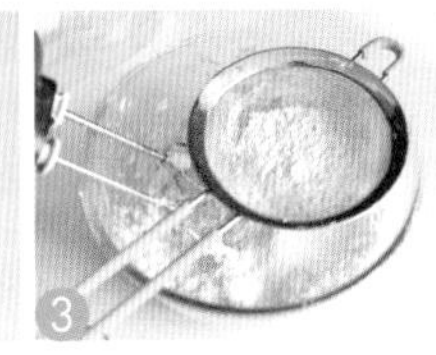
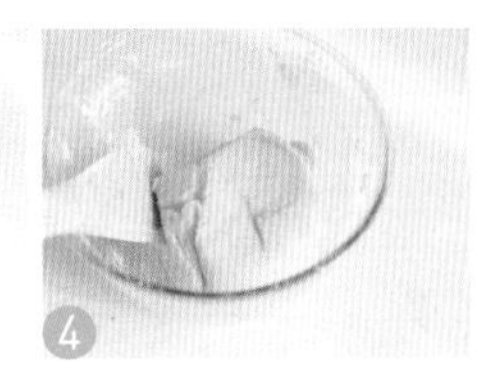

2. 切模与烘焙

面团放在保鲜膜上，再盖上一层保鲜膜，用擀面杖擀成3毫米厚的薄片，送入冰箱冷藏半小时至面片变硬。用饼干切模做出饼干坯，整齐地码在烤盘上，送入预热好的烤箱，中层，上下火，170℃，烤20分钟左右。取出晾凉即可食用。

1. 因南瓜泥有稀有稠，所以和好的面团干湿性可能会不一样，但因制作饼干生坯时是将面团冷藏至硬后再进行按模的，所以面团的干湿性对制作饼干生坯的影响不大。如果觉得面团实在太湿的话，可以加一点面粉进行调节。
2. 南瓜泥有很甜的也有很不甜的，如果准备的南瓜泥很不甜，配方中的糖粉可以按自己需要的量增加。

又暖又甜的小雪花

雪花糖霜饼干

材料

饼干坯：糖粉 40 克，盐 0.5 克，黄油 78 克，牛奶 50 克，低筋面粉 170 克

糖　霜：糖粉120克，蛋白20克，柠檬汁5克

1. 面团制作

盐和糖粉加入软化的黄油中，用电动打蛋器打至黄油顺滑。分5次加入牛奶，搅拌均匀，筛入低筋面粉，拌匀成面团。

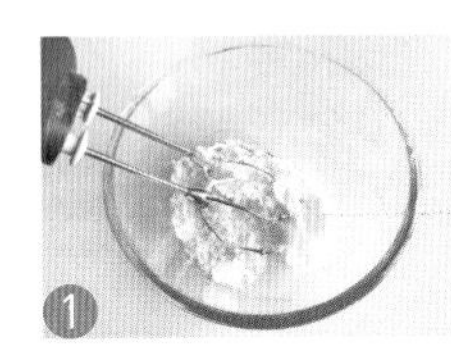
①

②

③

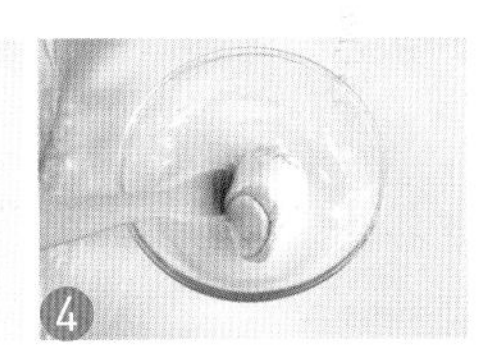
④

2. 切模与烘焙

将面团放在保鲜膜上，再盖上一层保鲜膜，用擀面杖擀成3毫米厚的薄片，送入冰箱冷藏至面片变硬。用雪花饼干切模切出饼干坯。放入烤盘中，饼干之间互不粘连。送入预热好的烤箱，中层，上下火，170℃，烤15分钟。

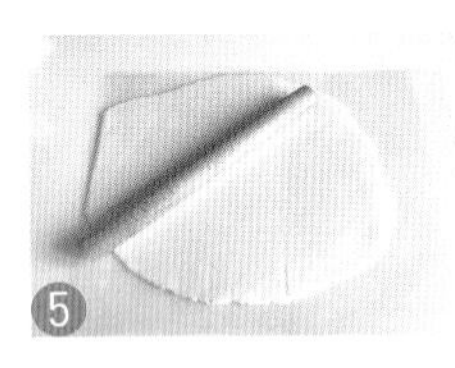
⑤

⑥

⑦

⑧

3. 糖霜制作

将120克糖粉内加入20克蛋白和5克柠檬汁，搅拌均匀，装入裱花袋，在烤好的饼干上挤出自己喜欢的图形作装饰。可以自然晾干也可入烤箱微烤至表面变干。

9

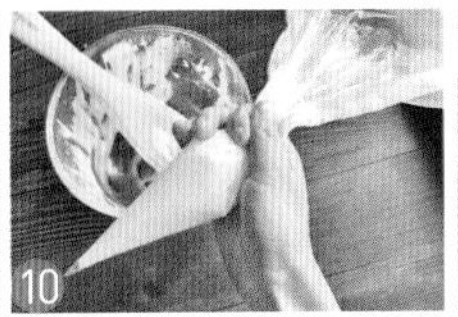
10

11

12

制作心得

紫薯粉可以用其他颜色的粉类代替。加入色粉的饼干建议用低火烤制。平时做饼干我都是用170～180℃来烤制，这款紫色的饼干我使用160℃烤制。

少女的裙子

紫薯饼干

材料 糖粉40克，黄油78克，牛奶40克，紫薯粉20克，低筋面粉150克

1. 面团制作

糖粉加入软化的黄油中，将电动打蛋器调至最低速搅打10秒钟，转高速打约1分钟。分5~6次加入牛奶充分搅拌均匀，此时看起来呈膨胀松软状态。筛入混合了紫薯粉的低筋面粉，换刮刀和成面团。

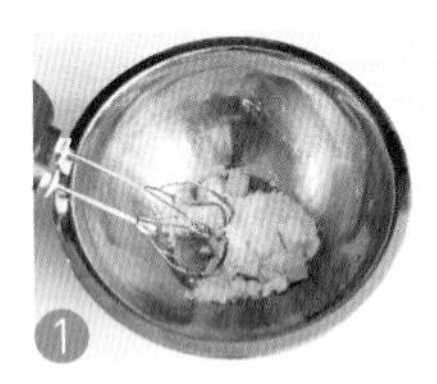

2. 切模与烘焙

将面团放至油纸上擀成3毫米厚的薄片，送入冰箱冷藏至硬。用自己喜欢的饼干切模切出饼干坯，有间隔地铺入烤盘，送入预热好的烤箱，中层，上下火，160℃，烤25分钟左右。

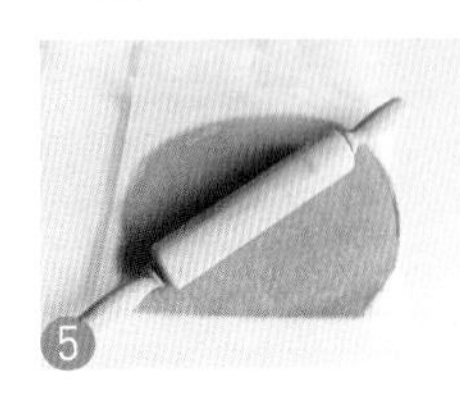

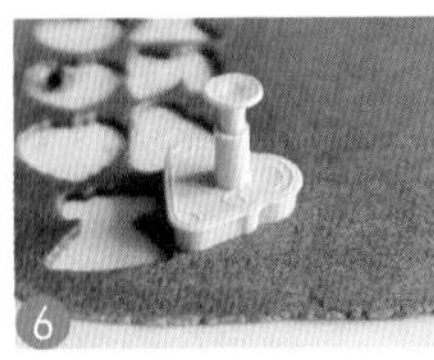

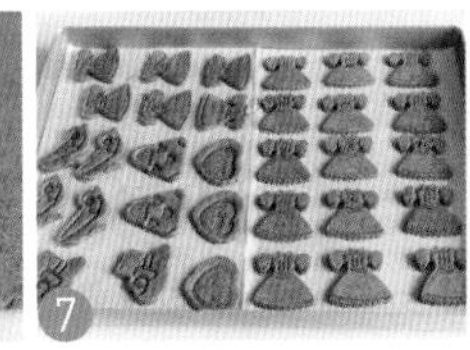

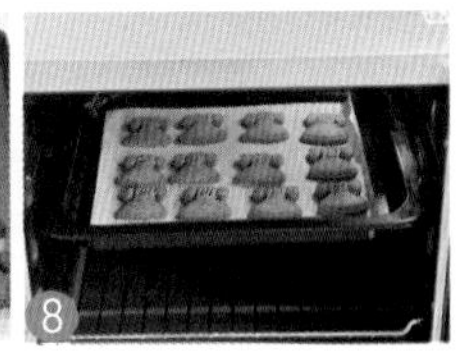

第4章

其他类型的饼干

将面团简单地搓搓、按按就能带来惊喜。惟妙惟肖的万圣节女巫手指饼干，弥漫着爱情甜蜜滋味的玛格丽特小饼……在搓揉按压后，生动地呈现于我们面前。

LE CREUSET

心里装满爱的滋味

红枣红糖司康

材料 红枣干 50 克，黄油 60 克，清水 50 克，全蛋液 37 克，红糖粉 20 克，低筋面粉 250 克，泡打粉 3 克

1. 面团制作

将红枣干用开水泡 5 分钟至软。将黄油化开，和清水、全蛋液、红糖粉混合搅拌均匀，加入泡软挤干水的红枣拌匀。将低筋面粉和泡打粉混合过筛，然后加入盆中拌匀成面团。

2. 切块与烘焙

将面团搓成长条，切成三角状，铺入烤盘。送入预热好的烤箱，中层，上下火，170℃，烤20分钟左右。

制作心得

烤箱温度仅供参考，以自家烤箱温度为准，上色刚刚好，闻到饼干香了基本上就可以关火了。

英式下午茶点心

蔓越莓司康

材料　低筋面粉290克，泡打粉4克，蔓越莓干60克，黄油50克，细盐1克，细砂糖30克，牛奶150克，干粉适量

1. 面团制作

将低筋面粉和泡打粉过筛备用，将蔓越莓干切成末备用。将黄油软化，加入低筋面粉中，用手揉搓混合均匀至看起来像粗杏仁粉的感觉。加入细盐和细砂糖反复翻拌均匀。分两次加入牛奶，用较硬的刮刀翻拌成面团。加入蔓越莓末，反复翻拌至基本均匀。

2. 切块与烘焙

将面团倒在案板上，按平，左右翻起折叠。按扁后，再次折叠按扁一遍。用刮刀切成每个约15克重的三角面团，撒上一层干面粉。将萌萌的小三角铺入烤盘，送入预热好的烤箱，中层，上下火，200℃，烤20分钟左右。

空气中弥漫着腰果的香甜

腰果小酥饼

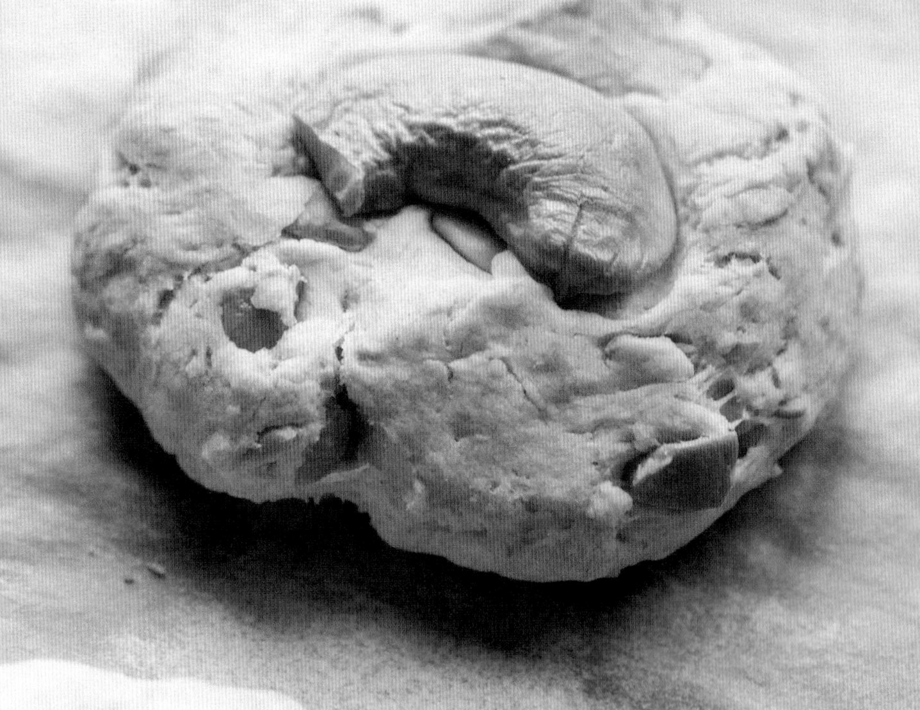

材料 黄油78克，糖粉40克，蛋黄1个（约20克），低筋面粉150克，泡打粉1克，腰果碎40克，腰果粒30颗

1. 面团制作

糖粉加入软化的黄油中，先用电动打蛋器以低速搅打10秒，再用高速搅打1分钟，然后分3次加入蛋黄，充分搅拌均匀。将腰果碎加入盆中搅拌均匀，筛入低筋面粉和泡打粉搅拌均匀，用手揉成面团。

2. 整形、切块与烘焙

将面团分割成每个约15克重的小面团，略微搓圆按扁。面团上涂少许蛋液，中间按压上一颗完整的腰果，依次做好所有的饼干坯，有间隔地码入烤盘。送入预热好的烤箱，中层，上下火，160℃，烤30分钟。

美丽的爱情故事

玛格丽特饼干

材料 熟蛋黄 4 个，黄油 200 克，糖粉 80 克，低筋面粉 200 克，玉米淀粉 200 克

1. 面团的制作

将鸡蛋煮熟取黄。黄油软化后加入糖粉，打至黄油体积略膨胀（用电动打蛋器搅打1分钟左右即可）。加入过筛的蛋黄末，搅拌均匀。筛入低筋面粉和玉米淀粉，换成较硬的刮刀拌匀到无粉末状。

2. 整形与烘焙

将面团分成每个约8克重的小剂子，搓圆。用大拇指将小圆球按扁，有间隔地铺至烤盘上。入预热好的烤箱，中层，上下火，160℃，烤18分钟左右。

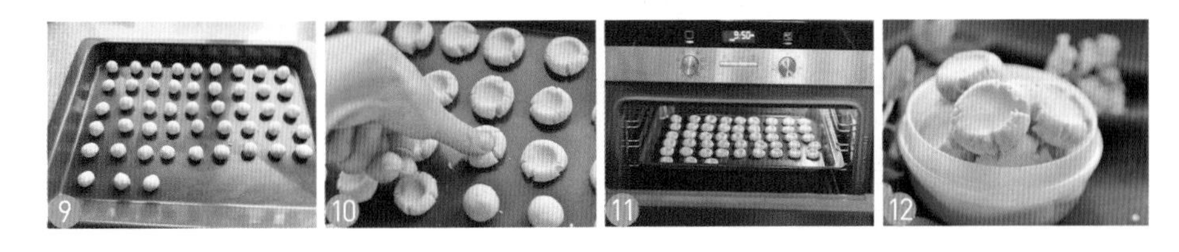

嚯嚯嚯哈哈哈……

万圣节女巫手指饼干

材料 低筋面粉200克，黄油100克，糖粉50克，全蛋液30克，杏仁30颗

1. 面团制作

将糖粉倒入软化的黄油中，以电动打蛋器打至颜色略浅，加入全蛋液打至黄油呈轻盈膨胀松软状。筛入低筋面粉，拌匀和成面团，分割成30个每个约12克重的小面团。

2. 整形与烘焙

用中指、食指、无名指去搓小面团，然后3根手指轻轻按压下去，如图8，按压出3个凹口，用刮板按压出指关皱纹效果。面团的一头蘸上点蛋液或水，粘上一颗杏仁，码入烤盘。送入预热好的烤箱，中层，上下火，170℃，烤20分钟左右。

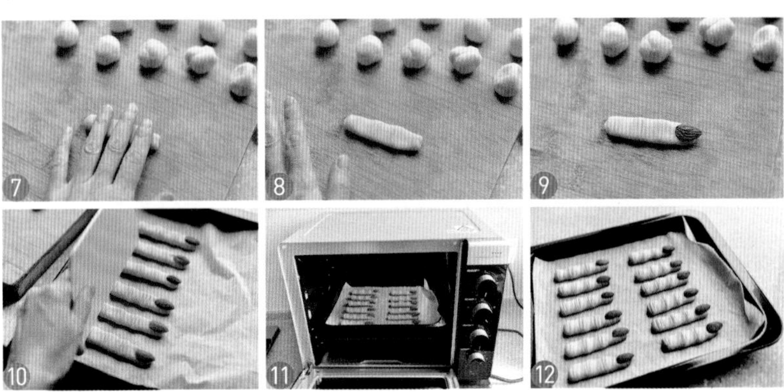

好吃不过巧克力多

趣多多巧克力饼干

材料 黄油120克，糖粉50克，全蛋液50克，细砂糖35克，低筋面粉250克，可可粉30克，泡打粉1克，巧克力豆适量

1. 面团制作

糖粉加入软化的黄油中，用电动打蛋器搅打1分钟。分3次加入全蛋液搅拌均匀，再加入细砂糖搅拌均匀，最后加入混合过筛的低筋面粉、可可粉和泡打粉，拌匀成面团。

2. 整形与烘焙

面团入冰箱冷藏半小时，将面团分割成每个15克重的小球。将小球按扁，每个面团上按入6粒巧克力豆。送入预热好的烤箱，中层，上下火，170℃，烤20分钟左右。取出晾凉即可食用。

萌化你的心

小鸡烧果子

制作心得

1. 成品馅可以从网上购买。
2. 面团不要过分揉捏。小鸡的形态可以各异，但生坯的大小一定要一致，以免烤的时候有的不熟有的则焦了。

材料

炼奶 150 克，
低筋面粉 200 克，
全蛋液 50 克，
泡打粉 4 克，
莲蓉馅（或豆沙馅）适量

1. 面团制作

将炼奶和全蛋液混合，用蛋抽搅打均匀，筛入低筋面粉和泡打粉，拌匀后揉成面团。将准备好的莲蓉馅（或豆沙馅），分割成数个每个25克重的小球，备用。

2. 整形成小鸡

将面团分割成每个约25克重的小面团，搓圆备用。将面团按扁，包入馅，搓圆，捏成小鸡形状。

3. 烘焙

将所有做好的小鸡饼干生坯码入烤盘，送入预热好的烤箱。中层，150℃，烤25分钟，至顶上微黄即可。用化开的巧克力点上小鸡的眼睛及翅膀即可。

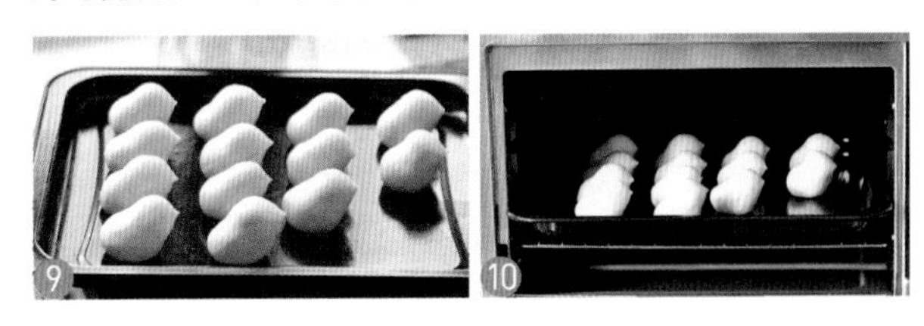

裂纹之美

巧克力裂纹曲奇

材料 黑巧克力175克，黄油80克，细砂糖80克，低筋面粉175克，全蛋液130克，可可粉18克，泡打粉2克

1. 面糊制作

将黑巧克力和黄油隔热水化开，搅拌均匀。细砂糖加入全蛋液中，用电动打蛋器以高速搅打3分钟。将打过的全蛋液倒入黑巧克力液体中（巧克力液体温度约35℃），用蛋抽搅拌均匀。将可可粉、低筋面粉和泡打粉混合过筛，加入黑巧克力全蛋糊中搅拌均匀，送入冰箱冷藏2小时至变硬（冷藏一晚风味更佳）。

2. 整形与烘焙

从硬面团上揪 10 克重的小剂子，搓圆，依次将所有的面团均搓圆成每个 10 克重的小球。每个小球都滚上一厚层糖粉。送入预热好的烤箱，中层，170℃，烤 20 分钟左右。

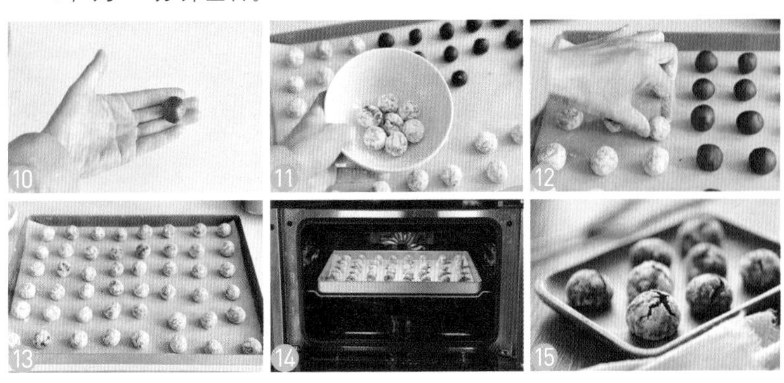

制作心得

1. 黄油可用猪油代替，做出的饼干风味更佳。
2. 饼干坯的大小可以按自己的喜好来制作，但是烤制时间要根据生坯大小适当调整。
3. 烤箱温度和时间仅供参考。一般家用小烤箱，有可能温度偏高，自己要学会掌握自家烤箱的实际温度。

酥松脆香的果实之美

杏仁酥

材料 黄油165克，糖粉80克，全蛋液40克，杏仁粉80克，低筋面粉200克，泡打粉3克

1. 面团制作

将黄油软化，加入糖粉，用电动打蛋器搅打至颜色略浅、呈轻盈状，加入全蛋液，继续搅打至体积更显轻盈松软。加入杏仁粉搅拌均匀，加入过筛的低筋面粉和泡打粉搅拌一会儿，用手和成面团。

2. 整形与烘焙

将面团分成20个小面团，每个重约28克。烤盘上铺上油纸，放上基本搓圆了的小面团，用两个手指头并列按扁。送入预热好的烤箱，中层，上下火，175℃，烤30分钟左右。

一口下去很销魂

榛子酥

材料 榛子仁100克，糖粉40克，黄油100克，低筋面粉170克，全蛋液35克

1. 面团制作

将榛子剥去壳，敲碎成榛子仁碎粒。黄油室温软化，加入糖粉。使用打蛋器打至略膨胀松软，加入全蛋液打至轻盈如羽毛状，再加入榛子碎搅拌均匀。筛入低筋面粉，搅拌均匀，用刮刀翻拌，能抱成团即可。

2. 整形与烘焙

将面团先冷藏2小时，然后分割成每个约10克重的小剂子，搓圆。用碾磨机磨出少量的榛子粗粉。把小面球放榛子粗粉里滚一圈，压扁，铺放入烤盘，送入预热好的烤箱，170°C，烤20分钟左右，烤至呈浅黄色即可。

哇，八只脚的小妖怪啊

蜘蛛饼干

材料 糖粉40克，杏仁粉50克，低筋面粉100克，可可粉2克，泡打粉2克，黄油78克，蛋黄20克，黑巧克力适量，白巧克力适量，麦丽素（或MM豆）适量

1. 面团制作

糖粉加入软化的黄油中，搅拌均匀，加入蛋黄搅打均匀，再加入杏仁粉搅打均匀。筛入低筋面粉、可可粉、泡打粉，搅拌成面团。

2. 整形与烘焙

这次我使用空气炸锅来做饼干。将面团分成每个约12克重的小剂子，搓圆，中间按压一下。送入预热好的空气炸锅，170℃，加热17分钟。这款饼干也可以使用烤箱，以同样的做法制作。

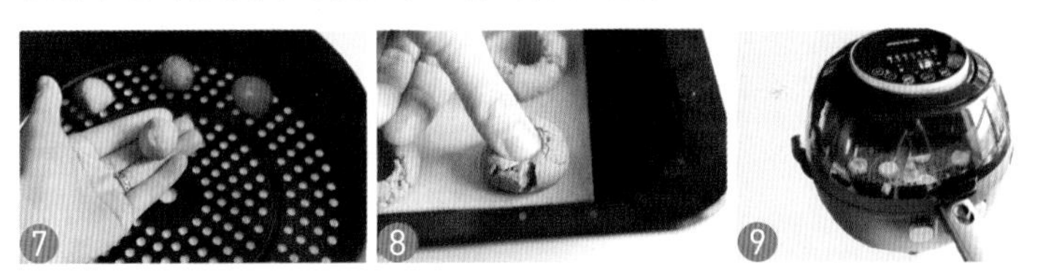

3. 做出蜘蛛造型

将黑巧克力和白巧克力分别装入裱花袋，入热水化好，备用。将麦丽素放置于饼干上，如图装饰好即可。（使用MM豆的话，要选择球形的那种。）

软萌营养的小甜心

蛋白小圆饼

材料 糖粉40克，黄油78克，蛋白70克，低筋面粉78克，柠檬汁数滴

1. 面糊制作

糖粉加入软化的黄油中搅打1分钟，搅打均匀，再加入柠檬汁搅打均匀。分3次加入蛋白，搅拌均匀。筛入低筋面粉，搅拌均匀。

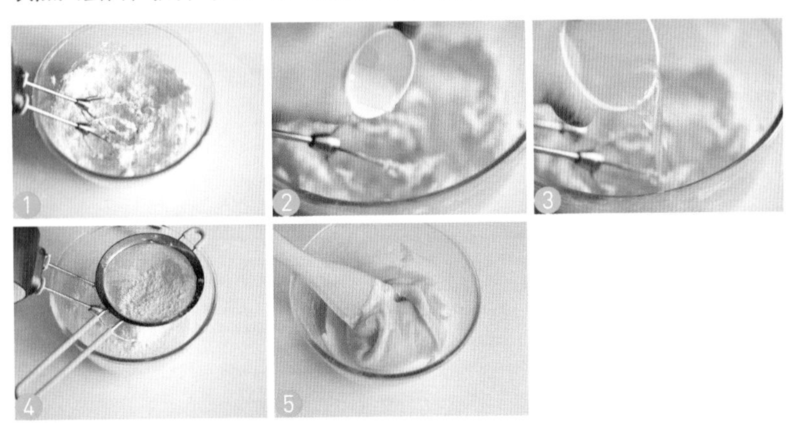

2. 挤制与烘焙

面糊装入裱花袋中，挤入烤盘，饼干坯之间互不粘连。送入预热好的烤盘，中层，上下火，160℃，烤20分钟左右。

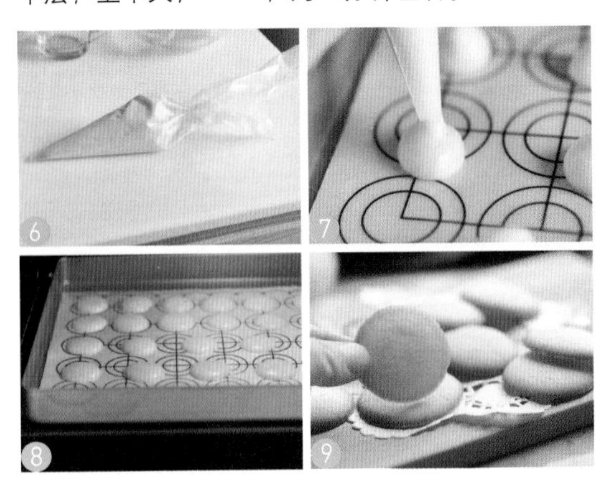

酥、甜、脆，好滋味

核桃酥

材料 核桃80克，低筋面粉350克，糖粉60克，粗砂糖70克，全蛋液50克（约1个蛋，其中30克用于制作饼干坯，20克用于刷生坯表面），盐2克，小苏打4克，泡打粉2克，黄油170克

1. 面糊制作

核桃切成碎末。将糖粉和盐加入软化的黄油中，以电动打蛋器低速搅打均匀。加入30克全蛋液，低速搅打均匀，再加入粗砂糖搅匀，然后加入核桃碎搅匀。最后加入过筛过的低筋面粉、小苏打粉、泡打粉，搅拌均匀。

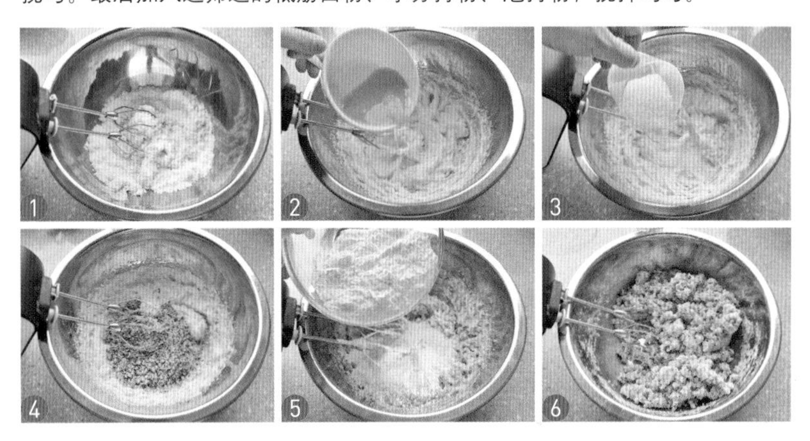

2. 整形与烘焙

将面团分成每个约25克重的小剂子，搓圆，有间隔地码入烤盘，分别按扁，刷上全蛋液。入预热好的烤箱，中层，170℃，烤18分钟左右。

芝麻加持过的薄脆香

白芝麻薄脆饼

材料

蛋白80克，
细砂糖50克，
低筋面粉30克，
色拉油30克，
白芝麻60克

1. 面糊制作

蛋白中加入细砂糖搅拌均匀，筛入低筋面粉搅拌均匀，再加入白芝麻拌匀，最后加入色拉油拌匀，制成面糊。

2. 烘焙

用勺子将面糊兜在不粘饼干模具上，面糊之间间隔要大。送入预热好的烤箱，170℃，烤 20 分钟左右即可。将烤好的饼干放至擀面杖上，待饼干冷却后就会变弯，即成瓦片饼干。

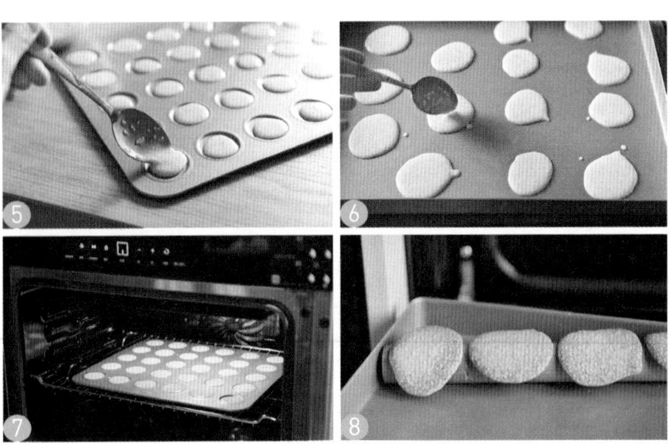

舌尖尖上的杏仁片片

杏仁薄脆饼干

材料 黄油20克，糖粉30克，低筋面粉20克，蛋白30克，杏仁片50克

1. 面糊制作

将低筋面粉和糖粉过筛，倒入大碗中，加入蛋白，用打蛋器低速打成无颗粒状的液态混合物。加入化开的黄油继续搅拌融合。加入杏仁片，先用蛋抽稍搅拌，再用刮刀轻轻翻拌。盖上保鲜膜，冷藏静置15分钟左右。

1

2

3

4

5

2. 烘焙

从冰箱取出面糊，用大勺子将面糊舀入不粘烤盘。用勺子背轻轻向四周按压推开，尽量推圆即可。送入预热好的烤箱，中层，上下火，150℃，烤15分钟左右。（做饼干生坯时，面糊厚度需在2毫米左右，一定要摊均匀，厚薄一致。）

6

7

又美又甜的小花朵朵

白巧花朵曲奇

材料 黄油78克，糖粉40克，牛奶30克，低筋面粉105克，白巧克力适量

1. 面糊制作

糖粉加入软化的黄油中。将黄油打至顺滑，用电动打蛋器搅打约1分钟。分3次加入牛奶搅拌均匀，筛入低筋面粉搅拌均匀，制成面糊。（拌匀面糊即可，不要过度搅拌。）

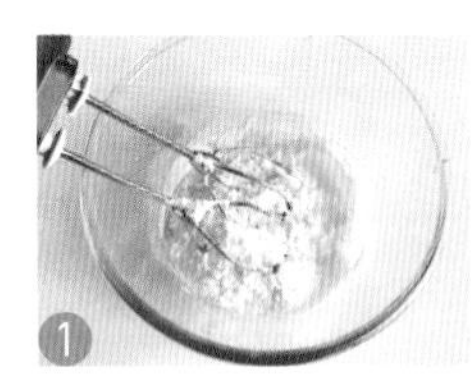

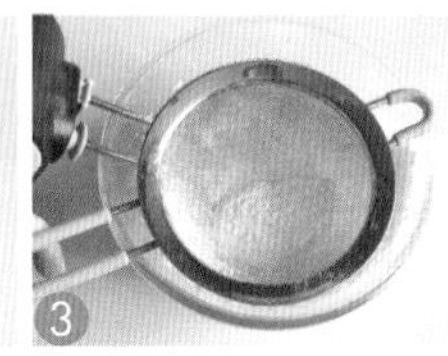

2. 挤制与烘焙

将面糊装入裱花袋，用小号菊花裱花嘴（我使用的裱花嘴型号为ZY7282），在烤盘上如图6挤成花环形生坯。送入预热好的烤箱，中层，上下火，170℃，烤15分钟左右。

3. 装饰

将白巧克力装入裱花袋中，入60℃热水中泡软。挤入花形饼干中间，晾凉凝固即可。

制作心得

1. 蛋清加入黄油中时，一定要分多次加，完全搅匀之后再加下一次。
2. 挤椭圆饼干坯是需要练习的，不是一开始就能挤出大小形状一样的饼干坯的。
3. 填充内馅时，不要放太多，少放点更好看。

古罗马勇士也抵挡不了我的诱惑

罗马盾牌

材料

外圈：黄油78克，糖粉40克，细盐0.5克，蛋清50克，低筋面粉135克

内馅：黄油60克，糖粉60克，麦芽糖60克，杏仁片碎50克

1. 面糊与内馅制作

将0.5克细盐和40克糖粉加入软化的78克黄油中，将电动打蛋器调至1挡以低速搅打10秒钟，转高速打1分钟。分5次加入蛋清，每次都要充分搅打均匀。筛入低筋面粉搅拌均匀，将面糊装入裱花袋，用直径3毫米的圆孔裱花嘴。将内馅配方中的黄油入锅中加热化开，加入麦芽糖，再加入糖粉搅拌至化开均匀，加入杏仁片碎搅拌均匀，制成内馅。

2. 挤制与烘焙

在烤盘里挤上椭圆圈面糊，加入一些内馅，不用放太多。送入预热好的烤箱中层，上下火，180℃，烤10分钟左右。

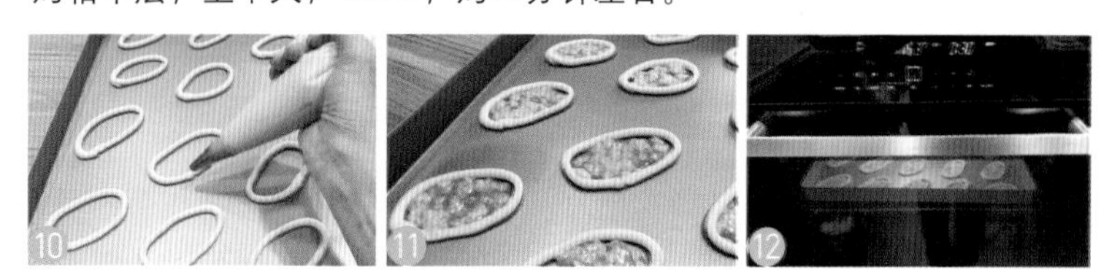

制作心得

1. 没有青柠檬的话可以用黄色柠檬代替，也可以用其他柑橘类的皮屑代替。
2. 这款饼干口感的软硬度，可以通过烤制时间的长短和温度的高低来调整，以190℃烤制10分钟后口感是软的，调低温度慢慢烤制可以烤成口感硬的饼干。例如，以160℃烤制25分钟，烤出来的饼干口感是干酥的，也很美味。

青柠软曲奇

材料 糖粉40克，全蛋液60克，低筋面粉150克，泡打粉2克，青柠檬1个（刨皮屑使用），无气味的植物油（如色拉油）78克

1. 面团制作

青柠檬洗净，刨下皮屑，将青柠檬皮屑和糖粉倒在一起拌匀。加入全蛋液搅拌均匀，再加入油搅拌均匀。筛入混合过的低筋面粉和泡打粉，拌成团即可。

2. 烘焙

分割成每个约12克重的小面团，大致搓圆码入烤盘，然后按扁。送入预热好的烤箱，中层，上下火，190℃，烤10分钟左右。

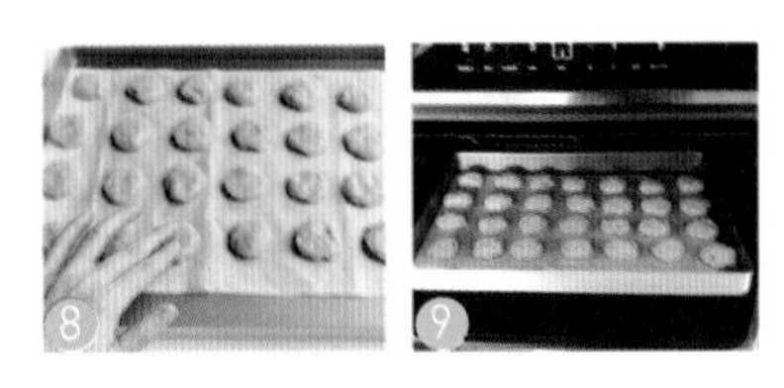

第5章 一学就会的快手蛋糕

本章中，子瑜妈妈精选了15款最热门的快手小蛋糕，做法简单，配方可靠，口味甜过初恋。

朴素美味的基础款戚风蛋糕

8寸原味戚风

材料 蛋5个，油50克，牛奶50克，细砂糖80克，低筋面粉100克，柠檬汁数滴（制作8寸戚风蛋糕通常需要蛋黄90～100克、蛋白180～200克）

1. 蛋黄糊制作

将蛋白和蛋黄分离在两个盆中，蛋黄中加入20克细砂糖。将蛋黄搅打至体积略膨胀、颜色略浅，加入油充分搅拌均匀。再加入牛奶，充分搅拌均匀。最后筛入低筋面粉，搅拌均匀。

2. 蛋白霜制作

蛋白中加入几滴柠檬汁，用电动打蛋器搅打到粗泡状态，加入20克细砂糖。继续打蛋白液，用中速或者高速搅打到泡沫变细腻状态，加入20克细砂糖。打到湿性发泡状态如图10，加最后20克细砂糖，打到干性发泡状态如图11即可（提起打蛋头，出现直立尖角）。

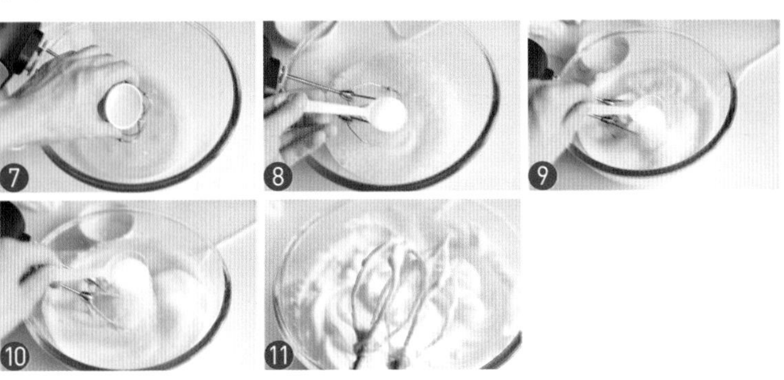

3. 蛋糕糊制作

先取1/3蛋白霜入蛋黄糊盆中翻拌均匀，再取1/3蛋白霜入蛋黄糊盆中翻拌均匀。将蛋黄糊盆里的面糊全部倒进剩余蛋白霜盆中，快速翻拌均匀（此步操作中，快速是关键）。

4. 入模烘焙

将蛋糕糊倒入8寸的活底圆模具中，装八分满。提起模具在桌面上轻叩几下。送进预热好的烤箱，放中层或下层，上下火，150℃，烤20分钟，再转175℃，烤25分钟。注意，烤好立即倒扣（“立即”两个字是关键，不然蛋糕容易凹顶）。

用另一种方式说我爱你

软身版提拉米苏

材料 马斯卡彭奶酪250克，淡奶油150克，细砂糖50克，蛋黄2个（约40克），手指饼干10根，咖啡力娇酒50克，可可粉若干

1. 蛋黄糊制作

蛋黄中加入20克细砂糖，隔水边加热边搅拌至颜色变浅，呈糊状。

2. 蛋黄奶酪糊制作

马斯卡彭奶酪隔水加热后搅拌至顺滑，加入蛋黄糊，继续搅拌至顺滑。

3. 蛋黄奶油奶酪糊制作

淡奶油中加入30克细砂糖，打至约八分发状态，即有纹路的状态（如图7）。
将打好的淡奶油倒入蛋黄奶酪糊中，搅拌至顺滑细腻。

4. 慕斯糊组装

手指饼干在咖啡力娇酒中快速浸泡一下，放入杯子中。将蛋黄奶油奶酪糊装入裱花袋，挤在杯中的手指饼干上。再铺上一层手指饼干，挤上一层蛋黄奶油奶酪糊至杯口。用刮刀沿杯口刮平整。

5. 最后的装饰

撒上一层可可粉。取一张白纸，中间剪一个爱心小洞，铺杯子上面，筛上白色糖粉。盖上盖子，入冰箱冷藏半天即可食用。

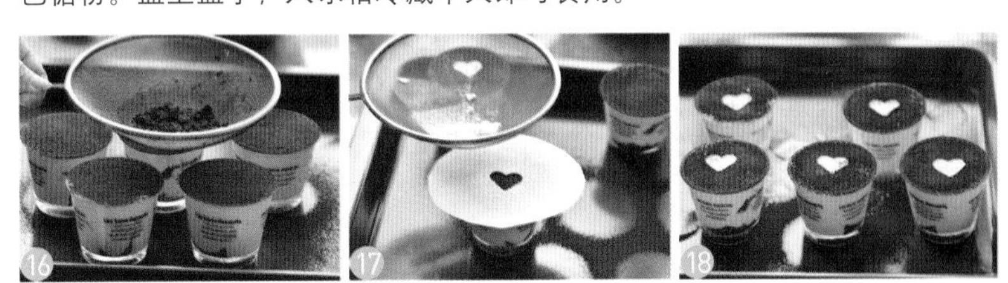

制作心得

1. 选择每个约60克重的洋鸡蛋，每个鸡蛋的蛋白约35克重、蛋黄约22克重。选择的鸡蛋一定要足够新鲜。
2. 制作这款蛋糕，蛋白一定要打发到图3的干性发泡阶段，蛋黄糊一定要充分搅拌均匀。

绅士的文雅风度

伯爵红茶戚风蛋糕

材料 鸡蛋5个，低筋面粉80克，伯爵红茶包1个，热水50克，细砂糖80克，无气味植物油50克，柠檬汁3滴

1. 蛋白霜制作

分离蛋白和蛋黄。蛋白倒入打蛋盆中，加入柠檬汁与60克细砂糖，将厨师机调至6挡，搅打蛋白至蛋抽能拉出直立不倒的蛋白霜尖角。

2. 蛋黄糊制作

蛋黄中加入20克细砂糖，用电动打蛋器搅打至蛋黄颜色发浅。加入油搅拌均匀，加入热水冲泡之后晾凉的伯爵红茶水和茶渣搅拌均匀。筛入低筋面粉搅拌均匀。

3. 蛋糕糊制作

取1/3蛋白霜入蛋黄糊盆，快速抄底翻拌均匀，再取1/3蛋白霜入蛋黄糊盆，快速抄底翻拌均匀，然后将蛋黄糊盆中的面糊倒入蛋白霜盆中，彻底翻拌均匀。

4. 入模烘焙

将蛋糕糊倒入模具中八分满，提起模具约5厘米高度，在桌面上震模具3次。送入预热好的烤箱，中层，170℃，烤40分钟。烤好立即取出，倒扣晾凉即可。

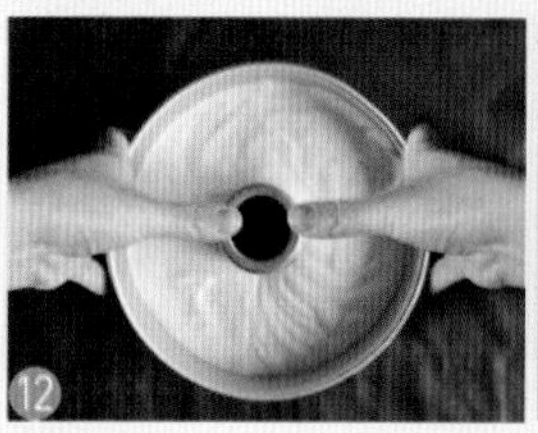

简洁中的柔滑感

乳酪戚风蛋糕

材料 奶油奶酪90克，植物油40克，牛奶50克，蛋白190克（约5个鸡蛋的蛋白量），蛋黄90克（约4个鸡蛋的蛋黄量），细砂糖80克，低筋面粉70克，柠檬汁几滴

1. 蛋黄糊制作

将牛奶和奶油奶酪倒在一起，隔水加热至奶酪变软，将变温热的牛奶和奶油奶酪用电动打蛋器搅打成细腻的无颗粒状态。

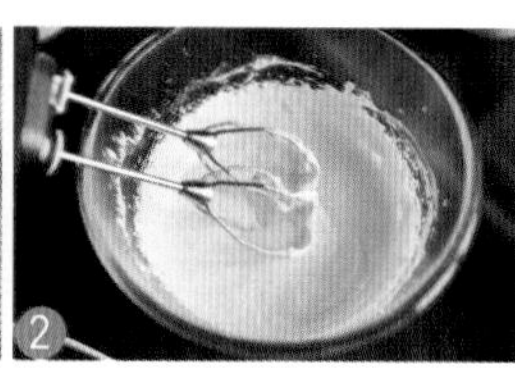

蛋黄中加入 20 克细砂糖，用电动打蛋器搅打至蛋黄发白，加入植物油搅拌均匀。将打好的蛋黄液倒入乳酪液中搅拌均匀，筛入低筋面粉，先用电动打蛋器稍搅拌，再换刮刀拌匀面粉至细腻状态。

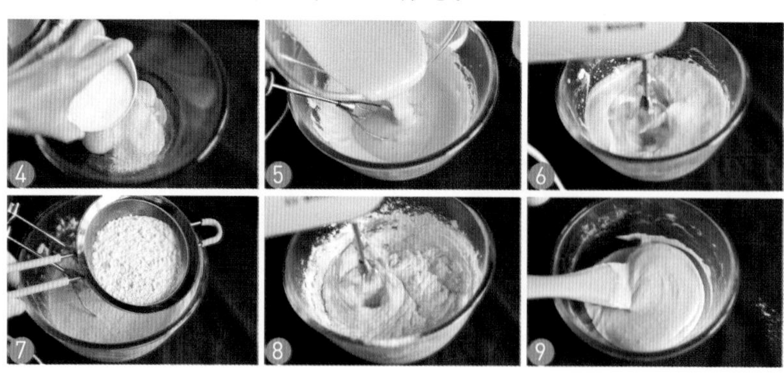

2. 蛋白霜制作

蛋白中倒入柠檬汁，用电动打蛋器搅打至呈粗泡时加入20克糖。打至泡沫细腻时加第二次20克糖，打至蛋白液起纹路状态后再加20克糖，打到可拉出直立尖角即可。

3. 蛋糕糊制作

取1/3蛋白霜入蛋黄糊盆中拌匀，再取1/3蛋白霜入蛋黄糊盆中拌匀，最后将蛋黄糊盆中的材料倒入蛋白霜盆中拌匀（拌的速度要快）。彻底拌匀，使面糊细腻有光泽。

4. 入模烘焙

将蛋糕糊倒入模具中约八分满，面糊多的话可以将多余面糊装入小纸杯内，建议装七分满。按住模具中空部分，提起5厘米高度，在桌面震模震出一些气泡。送入预热好的烤箱，下层，上下火，170℃，烤45分钟左右。烤好立即取出，立即倒扣，彻底晾凉才可以脱模。

经典中的经典

黄油玛德琳

材料 全蛋液40克，细砂糖45克，黄油50克，牛奶30克，低筋面粉55克，泡打粉2.5克

1. 蛋糕糊制作

细砂糖加入全蛋液中，用蛋抽搅打至糖完全化开。加入牛奶搅拌均匀，加入化开的黄油搅拌均匀。筛入低筋面粉和泡打粉，搅拌均匀。

2. 入模烘焙

将蛋糕糊装入裱花袋，用圆孔的裱花嘴，挤入玛德琳不粘模具。送入预热好的烤箱，中层，上下火，190℃，烤15分钟。

制作心得

1. 没有厨师机的话用电动打蛋器即可，搅打的时间会比用厨师机稍微多几分钟。
2. 这里用的是不粘模具。如果不是不粘的，需要在模具上喷脱模油，或者装入纸杯里烘烤。

家喻户晓的

脆皮小蛋糕

材料 鸡蛋3个（约170克），细砂糖80克，麦芽糖浆30克，低筋面粉120克，白芝麻20克，柠檬汁数滴

1. 蛋糕糊制作

柠檬汁、鸡蛋、麦芽糖浆和细砂糖倒入厨师机的打蛋盆中，开高速打发，用9挡打约5分钟，打至体积膨大、颜色变浅、起纹路、不消泡状态。分3次筛入低筋面粉，快速拌匀面糊。

2. 入模烘焙

蛋糕糊装入模具九分满，撒上些白芝麻，送入预热好的烤箱，180℃，上下火，烤20分钟左右。

最简单的纸杯蛋糕做法

杏仁马芬蛋糕

材料 黄油78克，鸡蛋2个（约120克），牛奶20克，细砂糖80克，低筋面粉140克，泡打粉2克，柠檬汁数滴，杏仁片20克

1. 蛋糕糊制作

将鸡蛋、牛奶、柠檬汁、细砂糖倒入打蛋盆，用电动打蛋器搅打2分钟，至细砂糖完全溶解。加入榛子味黄油（见p.161，“煮黄油”部分做法），搅打均匀。筛入低筋面粉和泡打粉，先用电动打蛋器稍搅打，再用刮刀翻拌均匀。

2. 入模烘焙

将蛋糕糊装入裱花袋，挤入纸杯七分满。蛋糕糊上撒杏仁片，送入预热好的烤箱，中下层，160℃，烤45分钟左右。烤好后取出晾凉即可。

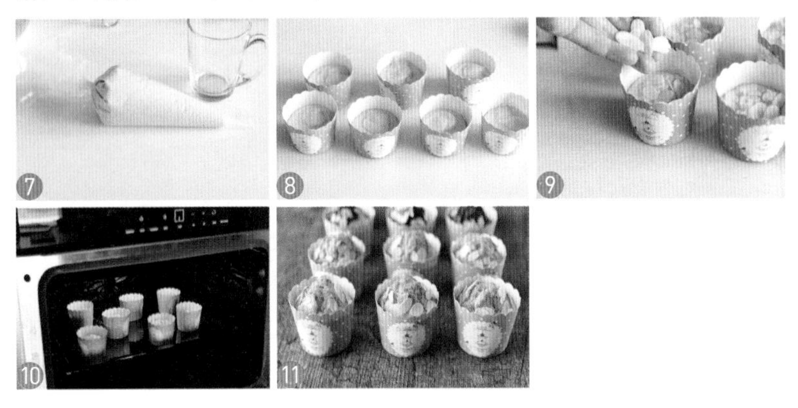

巧用厨师机制作海绵蛋糕

海绵纸杯蛋糕

材料 鸡蛋5个（蛋白共约180克，蛋黄共约95克），细砂糖80克，植物油50克，牛奶50克，低筋面粉95克，柠檬汁数滴

1. 全蛋打发

将鸡蛋打入盆中，加入80克细砂糖，加入柠檬汁，用厨师机高速（8~10挡）搅打5分钟，打到起纹路且纹路不马上消失状态（没有厨师机的话，用手持电动打蛋器打到同样状态即可）。

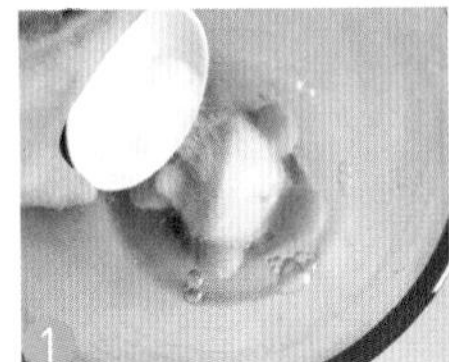

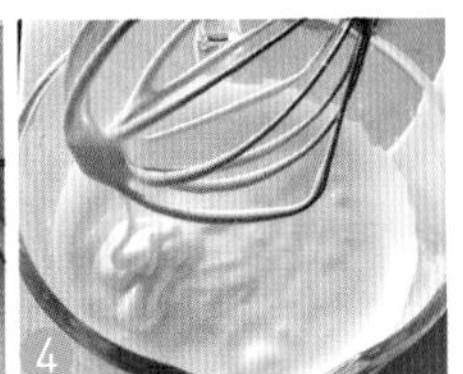

2. 蛋糕糊制作

沿盆壁加入植物油搅匀，加入牛奶搅匀，分3次筛入低筋面粉，快速抄底翻拌均匀。

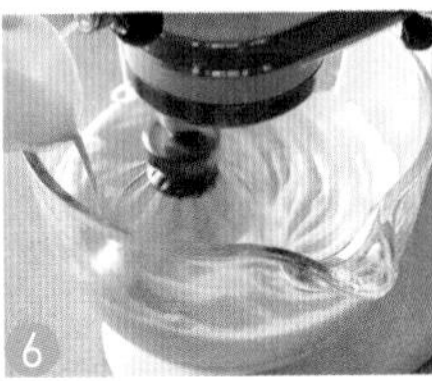

3. 入模烘焙

蛋糕糊倒入纸杯八分满，撒上巧克力丁，送入预热好的烤箱，中层，170℃，烤35分钟左右。

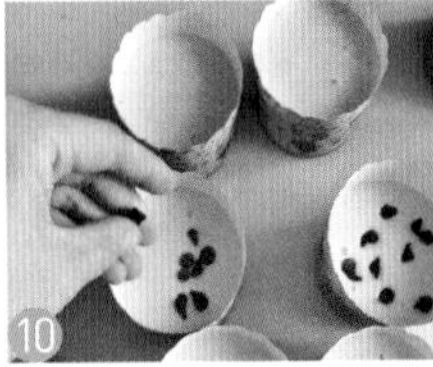

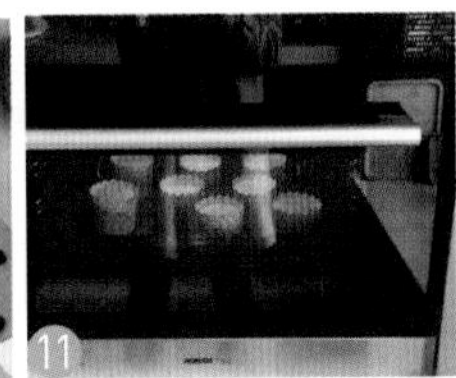

不开裂不塌陷

轻乳酪蛋糕

材料 低筋面粉20克，玉米淀粉8克，细砂糖60克，奶油奶酪150克，牛奶75克，淡奶油75克，鸡蛋3个（蛋黄共约60克，蛋白共约120克），柠檬汁数滴

1. 乳酪糊制作

将奶油奶酪、牛奶、淡奶油隔水加热，搅拌至细腻无颗粒状态，分3次加入蛋黄搅拌均匀。筛入低筋面粉，边搅拌边隔水加热至65℃左右，看到面糊变得浓稠有纹路，马上离锅，再反复搅拌半分钟，盖上湿布，备用。

2. 蛋白霜制作

蛋白中加入数滴柠檬汁，用电动打蛋器中速打至粗泡状态。加入30克细砂糖，继续搅打至泡沫细腻状态。再加入30克糖，打到湿性发泡（如图8），提起打蛋头，蛋白液呈现倒挂三角状。

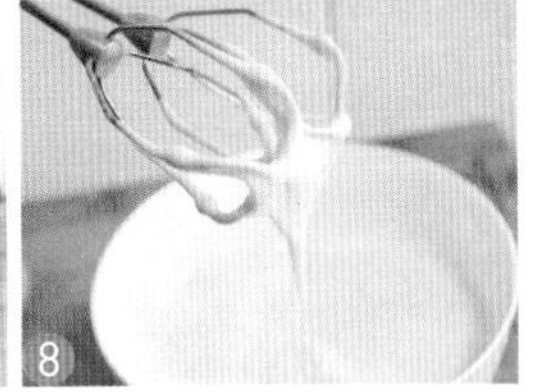

3. 蛋糕糊制作

取1/2蛋白霜加入蛋黄乳酪糊中，抄底翻拌匀。再加入剩下的蛋白霜，抄底翻拌匀，拌好的面糊呈细腻光滑状。

4. 入模烘焙

将蛋糕糊入6寸活底模，活底模外需要包上锡纸。活底模内壁涂上一层黄油，模底和模边都贴上油纸。接下来要用水浴法，用深烤盘，里面注水，水高度为模具高度的1/3。送入预热好的烤箱，145℃，烤60分钟左右。烤好取出，晾3分钟，会发现蛋糕略有回缩，边缘脱离，这时候就可以脱模了。

制作心得

1. 选择柔软的奶油奶酪，搅打奶酪时一定要打至顺滑无颗粒状态。
2. 加入蛋黄时，温度不能太高。
3. 加入粉类时，要持续保持搅拌，不然容易煳底。

蛋糕七十二计

用电饭煲做蛋糕

材料 鸡蛋6个（蛋黄共约120克，蛋白共约210克），低筋面粉105克，无气味植物油70毫升（如色拉油），牛奶70毫升，细砂糖80克，柠檬汁5毫升

1. 蛋黄糊制作

将蛋白和蛋黄分盛在两个大盆里。蛋黄中加入20克细砂糖，用电动打蛋器搅打至蛋黄液颜色变浅、略蓬起。加入油搅拌均匀，再加入牛奶搅拌均匀，最后筛入低筋面粉，搅拌均匀。

2. 蛋白霜制作

蛋白中加入柠檬汁，用电动打蛋器搅打至液体呈粗泡状，加入20克细砂糖，继续搅打至泡沫细腻状态。再加入20克糖，打到湿性发泡。加入第3次20克糖，打到蛋白霜组织足够细腻，可以拉起直立尖头。

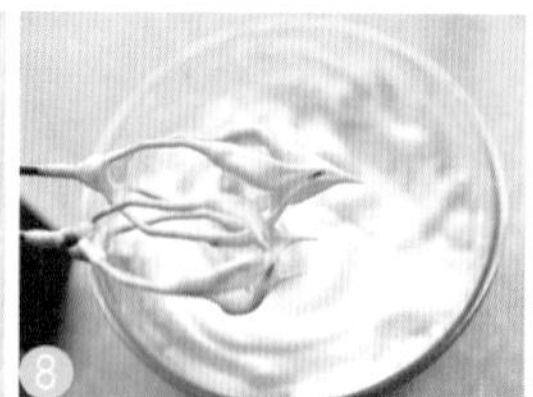

3. 蛋糕糊制作

取1/3蛋白霜加入蛋黄糊盆中拌匀，再取1/3蛋白霜入蛋黄糊盆中拌匀，将蛋黄糊倒入蛋白霜盆中，彻底拌匀。

9

10

11

4. 入煲烘焙

电饭煲内胆擦干净水（若您的锅不是不粘锅的话，请抹上一层食用油）。倒入蛋糕糊，蛋糕糊不要超过锅的一半高度，用手掌拍几下锅底，震出气泡。将内胆放入电饭煲内盖好，按下“蛋糕键”。时间到后，闷上10分钟再开盖。将电饭煲内胆取出，略冷却后，蛋糕会略有回缩，边缘脱离，这时就可以倒扣脱模了。

12

13

14

15

制作心得

1. 子瑜妈妈建议要用有“蛋糕键”功能的电饭煲，因为之前收到几位粉丝反映，用家里的没有“蛋糕键”的电饭煲制作，没做几次，电饭煲就坏了。
2. 从锅里倒扣出来，蛋糕底是浅色的，顶是金黄色的。

蛋糕界的金融小开

费南雪

材料 黄油70克，蛋白2个（约80克），低筋面粉30克，杏仁粉40克，泡打粉1克，细砂糖70克

1. 煮黄油

将黄油加热至130℃，立即离火晾凉至28～50℃（没有温度计的话可以用眼睛观察，看到颜色稍微变深，闻到焦糖香味，锅底略有焦色就好了）。这样煮出来的黄油也叫"榛子味黄油"。

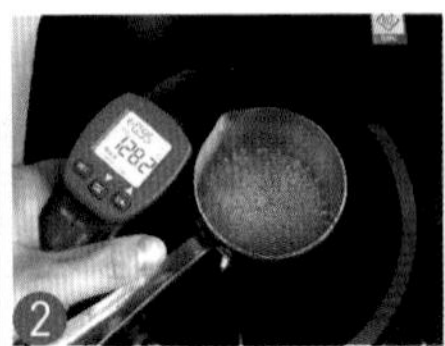

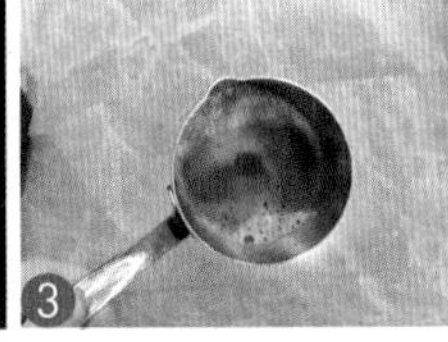

2. 蛋糕糊制作

将低筋面粉、杏仁粉和泡打粉混合过筛备用。细砂糖加入蛋白中搅拌均匀至化开就好，不用打发蛋白。加入过筛的混合粉搅拌均匀，加入黄油搅拌均匀，制成蛋糕糊，装入裱花袋。

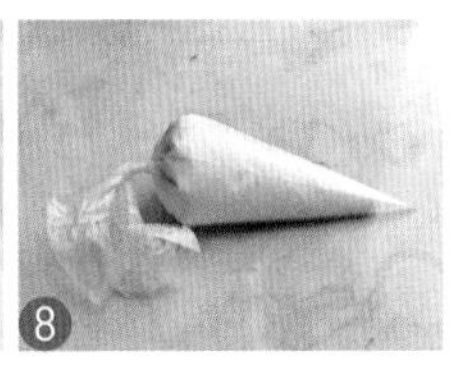

3. 入模烘焙

将蛋糕糊挤入模具全满或者九分满。送入预热好的烤箱中层，上下火，200℃，烤10分钟。或者190℃，烤15分钟左右。观察上色情况，蛋糕表面呈金黄色就说明烤好了。

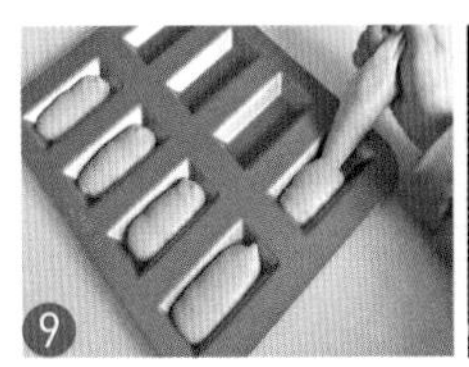

下午茶绝配

伯爵红茶磅蛋糕

材料 黄油145克，低筋面粉145克，全蛋液145克，细砂糖80克，盐1克，泡打粉1克，热水15克，红茶包1个（约3克）

1. 红茶全蛋液制作

全蛋液中加细砂糖和盐，用电动打蛋器搅打至全蛋液体积膨胀、颜色变浅。加入用15克热水冲泡晾凉的浓红茶和茶渣，继续搅打1分钟左右。

2. 蛋糕糊制作

黄油软化后用电动打蛋器搅打至颜色变浅，泡打粉和低筋面粉混合筛入黄油中，搅拌均匀。红茶全蛋液分2～3次倒入黄油面糊中快速拌匀。

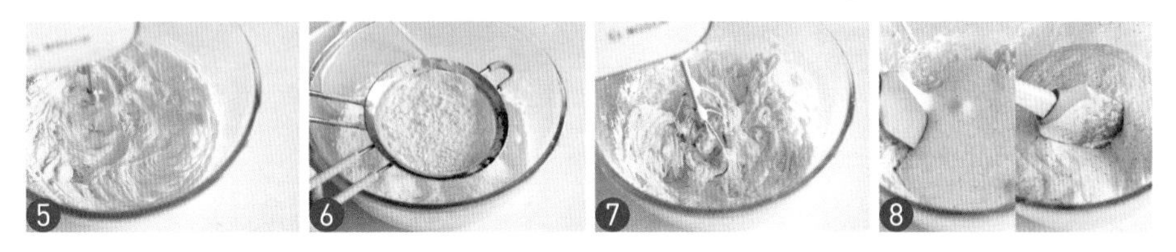

3. 入模烘焙

将拌好的蛋糕糊倒入磅蛋糕模具中，八分满（这里用的模具尺寸为32厘米×9厘米×6.6厘米）。送入预热好的烤箱，下层，上下火，170℃，烤50分钟。烤制20分钟左右时，可以快速取出在蛋糕表面划一刀，也可以不划。烤好取出晾凉，蛋糕边会自然脱离。

网红肉松小贝

材料 鸡蛋2个（蛋白共约80克，蛋黄共约40克），细砂糖50克，柠檬汁5毫升，植物油20克，纯牛奶20克，低筋面粉60克，色拉酱、肉松各适量

1. 蛋糕糊制作

打蛋盆中打入鸡蛋，加入细砂糖、柠檬汁，用厨师机的话，直接开高速挡打5分钟（用手持电动打蛋器的话，开高速挡搅打约10分钟），打到混合液体起纹路且纹路不快速消失的状态。换成低速挡，加入植物油和牛奶搅拌均匀，分3次筛入低筋面粉拌匀，立马装入裱花袋。

2. 烘焙及加工

在烤盘上有间隔地挤上小圆饼，送入预热好的烤箱，170℃，中层，上下火，烤15～20分钟。烤好晾凉对切开，抹上色拉酱，粘上肉松即可。

好吃的二次方

巧克力核桃纸杯蛋糕

材料 黑巧克力100克，黄油40克，细砂糖35克，低筋面粉50克，核桃碎30克，全蛋液120克，泡打粉2克

1. 蛋糕糊制作

将黄油、黑巧克力、细砂糖隔热水化开，搅拌均匀。分两次加入全蛋液，搅拌均匀。筛入低筋面粉和泡打粉搅拌均匀。倒入核桃碎拌匀。

2. 入模烘焙

将蛋糕糊分装入直径约3厘米的小纸杯，装到八分满。送入预热好的烤箱180℃，中层，上下火，烤20分钟即可。

维尼小熊的最爱

蜂蜜蛋糕

材料 鸡蛋3个（蛋白共约120克，蛋黄共约60克），细砂糖50克，蜂蜜40克，低筋面粉120克，无气味植物油（如色拉油）30克，柠檬汁数滴，芝麻适量

1. 蛋糕糊制作

盆中打入鸡蛋，加入蜂蜜、细砂糖、柠檬汁，全程用电动打蛋器高速打发。打到混合液体起纹路不会马上消失的状态，且没有消泡现象(如图5)即可。加入油搅拌均匀，然后分3次筛入低筋面粉，每次快速抄底翻拌均匀。

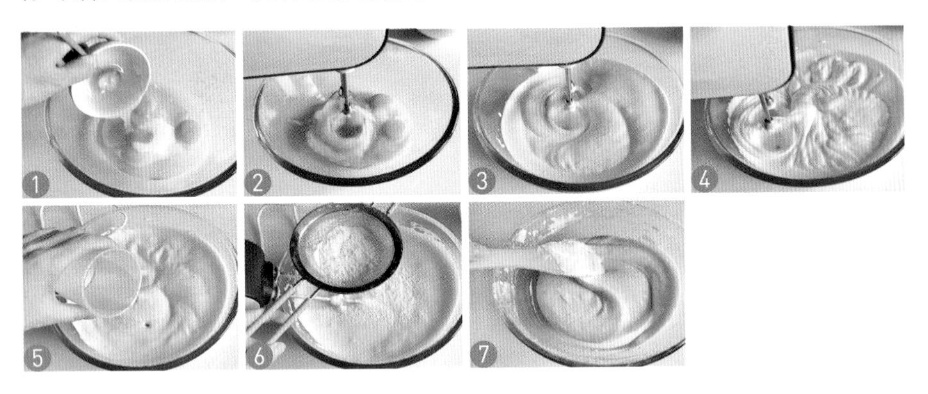

2. 入模烘焙

12连模中装入纸托（模具为100毫升模），倒入蛋糕糊，每个模内倒八分满（可倒12个），撒点白芝麻。送入预热好的烤箱，中层，180℃，烤25分钟（或者170℃，烤30分钟），烤好晾凉即可。

咬一口，幸福感油然而生！

核桃红枣桂圆小蛋糕

材料 糖粉30克，蛋白63克，黄油78克，蛋黄35克，低筋面粉120克，核桃碎30克，红枣桂圆酱50克，泡打粉3克

1. 蛋白霜制作

糖粉加入蛋白内，用电动打蛋器打发，打到干性发泡（蛋白液盆倒扣的话，蛋白液不会倒出来）。

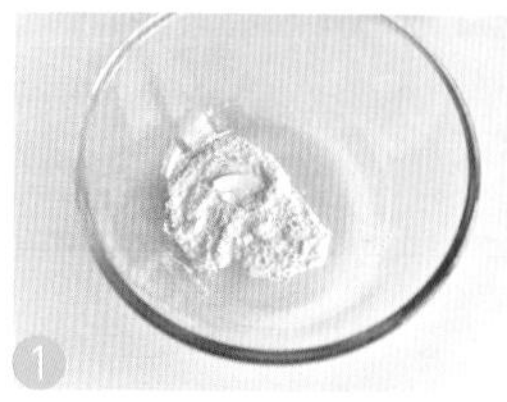

2. 蛋糕糊制作

将软化的黄油用电动打蛋器打发，分2～3次加入蛋黄，搅拌均匀，加入红枣桂圆酱，搅拌均匀。将泡打粉和低筋面粉混合过筛，然后取1/2倒入黄油糊中搅匀。将黄油糊倒入蛋白霜盆中初步混合。把剩下的1/2混合过筛的泡打粉和低筋面粉加入黄油蛋白糊中，用刮刀拌匀。（拌匀即可，千万不要过度搅拌！）

3. 入模烘焙

将厚厚的蛋糕糊装入裱花袋，剪一个直径1厘米以上的口。模具中套入纸托，挤入五分满的面糊，撒上一层核桃碎。继续挤上一层面糊至模具八分满，顶上撒上一层核桃碎。送入预热好的烤箱，中层，上下火，180℃，烤25分钟左右。

总是心太软

巧克力熔岩蛋糕

材料 黑巧克力150克，黄油100克，低筋面粉60克，细砂糖40克，蛋黄2个（约40克），鸡蛋2个（约115克），朗姆酒30毫升，糖粉适量

1. 巧克力液制作

将黄油和黑巧克力隔热水（约50℃）化开，充分搅拌混合均匀。将盆从热水中取出，多搅拌几下，晾凉至35℃左右使用。

2. 蛋糕糊制作

将蛋黄、全蛋和细砂糖均放入碗内，用电动打蛋器搅打至蛋液发白、糖完全化开即可，不用打发。将打好的蛋液分3次加入巧克力液盆中，每次都用蛋抽充分搅拌均匀后再加下一次。（每次都需充分搅拌均匀，黑巧克力糊搅拌起来会感觉有点硬。）加入朗姆酒，搅拌均匀。筛入低筋面粉，搅拌均匀。

3. 入模烘焙

将蛋糕糊装入裱花袋。挤入不粘小蛋糕模具中，每个模内挤入50毫升糊，约七分满（我选择的是容积为70毫升的小蛋糕模）。将模具送入预热好的烤箱，220℃，上下火，中下层，烤8分钟。烤好后立即取出，倒扣盘中，撒上糖粉即可（可做出约12个小蛋糕）。

转瞬即逝的惊艳

舒芙蕾

材料 黄油30克，牛奶100克，蛋黄2个（约36克），低筋面粉15克，蛋白2个（约64克），细砂糖20克，糖粉适量，柠檬汁数滴，香草荚半根（额外准备点黄油和细砂糖用来抹烤碗）

1. 模具的准备工作

选择直径6厘米、容量120毫升的烤碗，烤碗内壁抹上一层黄油，烤碗内装入适量细砂糖，转动烤碗至碗内壁粘上一层细砂糖，将糖倒出。

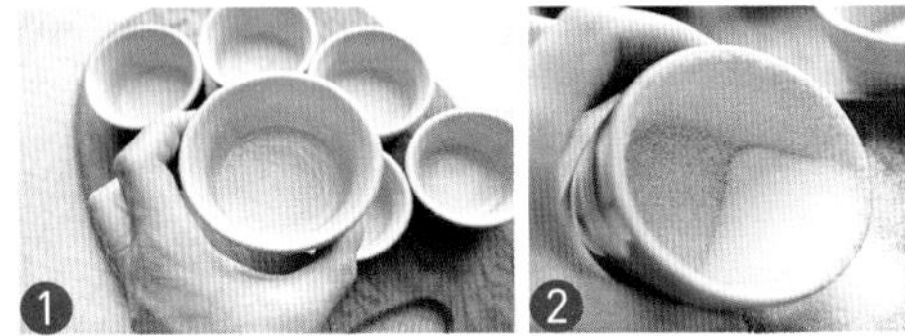

2. 香草蛋黄糊制作

牛奶和黄油倒入奶锅中，加热搅拌至化开，加入香草籽和香草荚，煮开，关火，浸泡晾凉至 50°C 左右。蛋黄用电动打蛋器搅打至颜色变浅，隔筛网冲入晾凉至 50°C 的牛奶黄油液，搅拌均匀。加入过筛的低筋面粉，搅拌均匀。重新开始加热并快速搅拌，观察面糊变得黏稠起纹路即可离火（此时温度约82℃）。面糊晾凉至手温即可使用。

3. 蛋白霜制作

蛋白中挤入数滴柠檬汁，用电动打蛋器搅打至粗泡状，加入10克细砂糖继续搅打，打至泡沫细腻状态，加剩下的10克糖，打至蛋白霜下垂但不掉落即可。

4. 蛋糕糊制作

取1/2蛋白霜入蛋黄糊盆中。将拌过的面糊全部倒入剩下的蛋白霜盆中，继续抄底翻拌均匀。

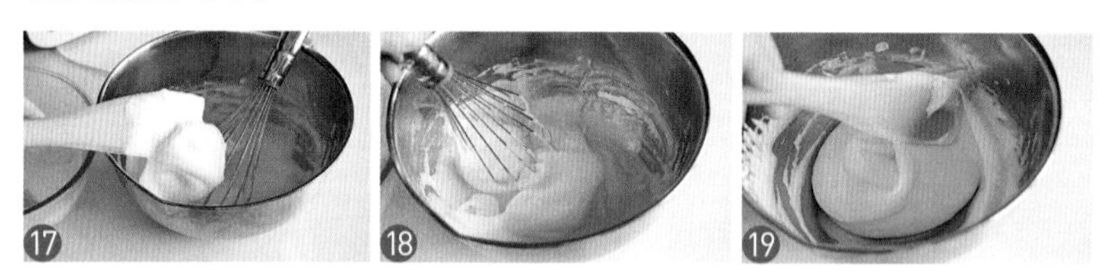

5. 入模烘焙

将蛋糕糊倒入烤碗中（可以装5个），送入预热好的烤箱中层或中下层，190℃，烤20分钟左右。烤好后立即出炉，立即撒上糖粉装饰即可！